原来数学都在这样学

马先生谈算学

刘薰宇 著

民主与建设出版社
·北京·

图书在版编目（CIP）数据

马先生谈算学 / 刘薰宇著 . -- 北京 : 民主与建设出版社 , 2020.4（2024.6 重印）

（原来数学都在这样学）

ISBN 978-7-5139-2973-8

Ⅰ . ①马… Ⅱ . ①刘… Ⅲ . ①数学—青少年读物 Ⅳ . ① O1-49

中国版本图书馆 CIP 数据核字（2020）第 040109 号

马先生谈算学

MA XIAN SHENG TAN SUAN XUE

著　　者　刘薰宇

责任编辑　刘树民

封面设计　金墨书香

出版发行　民主与建设出版社有限责任公司

电　　话　（010）59417747　59419778

社　　址　北京市海淀区西三环中路 10 号望海楼 E 座 7 层

邮　　编　100142

印　　刷　三河市刚利印务有限公司

版　　次　2021 年 7 月第 1 版

印　　次　2024 年 6 月第 3 次印刷

开　　本　880 毫米 × 1230 毫米　1/32

印　　张　8.5

字　　数　213 千字

书　　号　ISBN 978-7-5139-2973-8

定　　价　128.00 元（全 3 册）

前言

这本书居然能够写成，并且还能够顺利地出版，这简直是我当初最大的奢望，使我感到莫大的欣慰和荣幸！

我开始写它的时候，还是远在1936年的冬季。从1937年1月起，陆续按月在《中学生》上发表，中间只有个人原因，间断过一二期。原来的计划，内容比较简略，预定1937年，在《中学生》上登载完毕。

唉！对于我个人，对于全中国，都是不能忘掉1937年的！大概在5月底，妻子突然患神经病，需要终日有人陪伴。于是我充当她的看护，同时兼做三个孩子的保姆。

7月初，妻子渐渐地好起来了，肩头上的担子，也觉得轻松了一些。然而，全面抗战的第一炮，7月7日在卢沟桥的天空响起来。接着，上海的空气一天比一天紧张。

一方面，我察觉到抗战就快要展开了，如果一旦展开，期限一定比较长。另一方面，妻子的病虽然渐渐好转，但是要彻底治疗，只有回到故乡。我们离开故乡已经有二十多年了，思乡多少也是病源之一。

在这种情况下，我决定带着妻子和我们的三个孩子，离开居住了十多年的上海，回到离别二十多年的故乡贵阳。

8月10日，在十分紧张的气氛中，我们踏上了直奔重庆的客船。后来才知道，它是载客离开上海的最后一艘船。从上海到重庆，船要航行十多天，原来还想在船上断续写这本书。但是一上船，就知道不行了。

乘客虽然不拥挤，然而要找一张台子写东西，却不可能了。到了汉口，“八一三”事变的消息已经传到船上。好！这是中国唯一的出路啊！我每天都只有专心注意无线电传来的消息。

到了重庆，因为交通的阻碍，暂时不能去贵阳，在旅馆中，也曾提笔续写过。但是一想到《中学生》必然停刊，出版界必然遭受沉重的打击，就把笔放下了。

回到贵阳后，一直不曾想到要将它完成。直到1938年的冬季，正是武汉陷落的时期，丏尊兄写信给我，要我将它写完，说开明书店可以勉力出版。这自然使我很兴奋，但是这时我正准备去昆明，只好暂时放下。

到昆明住定以后，想动笔，却无从下手了。已经发表过的稿子，我没有保存，它的内容已有些模糊了。所以写信给丏尊兄，请他设法寄一份《中学生》发刊过的稿子来。约定稿子一到就动手写。

寄出的回信，虽然不久就收到了，而稿子到我的手里，却已经是1939年的夏季，距暑假已很近了。原计划决定在暑假中完成它。

暑假，回到贵阳，长长的三个月时间，竟然没有写一个字。原来，妻子和孩子们，在1938年9月25日敌机空袭贵阳后，就移往乡下。这时，一家八口人，只住两小间平房。挤，固不必说；蚊虫、跳蚤，使我不能静坐到十分钟。

秋后又到昆明。昆明，很好，天气也很好。然而天天想着动手写，天天都只是想着而已。在这期间，曾听到有的《中学生》读者，到开明分店来问，《马先生谈算学》出版了没有？有一次，分店的同仁，还指着我向顾客说："这就是马先生。"惹得在场人哄堂大笑。从此我感到已负了一笔债，非赶快偿还不可。

寒假开始，便下了最大的决心，动起笔来。现在算是完成了，然而它能够这样完成，非常感激开明昆明分店的同仁！

首先，在这期间，昆明的米价、菜价等一切物价，都涨得惊人，不但涨，有时还买不到。寄食于分店的我，居然不分心在柴米上，坐食现成，于这稿子的完成关系实在不小。

其次，从去年12月以来，昆明警报频繁。有十几次，都是写着写着，警报一响，便收在篮里，提着跑到荒野。提，都是分店的吕元章、韦芝堃和杨炳炎三个人帮忙！虽然，事后想起来，这是徒劳，但是他们的辛苦，我总觉得极为感谢！

这样小小的一点东西，经过三年多，而且有过不少的波折，今天居然完成了，我感到莫大的欣幸！

关于它的内容，我还想向读者很虔诚地说几句话。它有点像难题详解一类，然而对于这一类的书，我一向是反对的。这里面，固然收集了一百几十个题目加以解释，但我并不希望，有人单是为了寻找某一个题目的算法来翻阅它。这也许会令人失望的。

我写这本书的动机，是在增进学算学的人对于算学的趣味。对于学习算学的态度，思索问题的途径，以及探究题目间的关系和变化，我都很用心地去选择和计划表达它们的方法。我希望，能够给这没有生命的算学问题注入一点活力。

用图解法直接来解决算术问题，这不但便于观察和思索，还可使算术更贴近实际。图解，本来已沟通了代数和几何，成为解析算学的骨干。

所以，如果从算术起，就充分地运用它，我想，这不但对于进修算学中的其他内容有着不少的帮助，而且对于学习理工科，乃至于统计等，也是有益的。

我对于算学的态度，已散见于这本书中，一方面我认为人人应学，然而不是说人人都要做算学专家。另一方面我认为人人都能学，然而不是说人人都能成算学专家。

科学，现在似乎没有一个人不承认它的价值和作用了，然而对于科学，中等程度的算术、代数、几何、三角、解析几何以及初等微积分等，实在是必不可少的基础。谨以此书献给真正爱好科学的青年朋友。

1940年2月19日于昆明万松草堂后院

1 他是这样开场的

学年成绩发布不久的一个下午，初中二年级的两个学生李大成和王有道，在教员休息室的门口站着说开了。

李："真危险，这次的算学平均只有59.5分，要不是四舍五入，就不及格了，又得补考了。你的算学真好，总有90多分、100分！"

王："我的地理不及格，下学期一开学就得补考，这个暑假玩也玩不痛快了。"

李："地理？很容易啊！"

王："你自然觉得容易呀，我却真不行，看起地理来，总觉得死板板的，一点趣味也没有，无论勉强看了多少次，总是记不完全。"

李："你的悟性好，所以记忆力不行，我死记东西倒还容易，要想解答算学题，那太难了，简直不知道从哪里想起。"

王："所以，我主张文科和理科一定要分开，喜欢哪一科就专学哪一科，既能专心，也免得白费力气去弄些毫无趣味、又不相干的东西。"

李大成虽然没有回答，但是好像默认了这个意见。坐在教员休息室里，懒洋洋地看着报纸的算学教师马先生已然听见了他们的谈话内容。

李大成和王有道在班上都算是用功的，马先生对他们也有相当的好感。因此，想对他们的意见加以纠正，便叫他们到休息室里，带着微笑问李大成："你对于王有道的主张有什么意见？"

这一问，李大成直觉地感到马先生一定不赞同王有道的意见，但是他并没有领会到什么理由，因而犹豫了一阵回答道："我觉得这样更方便些。"

马先生微微摇了摇头，表示不同意："方便？也许你们这时年轻，在学校里的时候觉得方便，要是依照你们的意见去做，将来就会感到大大地不方便了。"

马先生接着说："你们要知道，初中的课程这样规定，经过了若干专家研究和若干年的验证。各科所教的都是作为一个现代人不可缺少的常识，不但是人人必需，也是人人能领受的……"

虽然李大成和王有道平日对于马先生的学识和耐心教导很是敬仰，但是对于他说的"人人必需"和"人人能领受"却是很怀疑。

不过两人的怀疑略有不同，王有道认为地理就不是"人人必需"的；而李大成却认为算学不是"人人能领受"的。当他们听了马先生的话后，各自的脸上都露出了不以为然的神气。

马先生接着对他们说："我知道你们不会相信我的话。王有道，是不是？你一定以为地理就不是必需的。"

王有道望一望马先生，没有回答。马先生接着说："但是你只要问李大成，他就不这么想。依照你对于地理的看法，李大成就会说算学不是必需的。你试着说说为什么人人都要学算学呢？"

王有道不假思索地回答："一来我们日常生活离不开数量

的计算，二来它可以训练我们，使我们变得更加聪明。”

马先生点头微笑说：“这话有一半对，也有一半不对。第一点，你说因为日常生活离不开数量的计算，所以算学是必需的。这话自然很对，但是看法也有深浅不同。”

马先生接着说：“从深处说，恐怕不但是对于算学没有兴趣的人不肯承认，就是你在你这个程度也不能完全认识，我们姑且丢开。就浅处说，自然买油、买米都用得到它，不过中国人靠一个算盘，懂得‘小九九’，就活了几千年，何必要学代数呢？平日买油、买米哪里用得到解方程式呢？”

“我承认你的话是对的，不过同样的看法，地理也是人人必需的。从深处说，我们姑且也丢开，就只从浅处说。你总承认作为现代的人，每天都要读新闻，如果你没有充足的地理知识，你读了新闻，能够真正懂得吗？”

“阿比西尼亚（埃塞俄比亚）在什么地方？为什么意大利一定要征服它？为什么意大利起初攻打阿比西尼亚的时候，许多国家要对它施以经济的制裁？到它居然征服了阿比西尼亚的时候，又把制裁取消了呢？”

“再说，对于中国的处境，你们平日都很关切，但是所谓国难的构成，与地理的关系也不小，所以真要深切地认识中国处境的危迫，没有地理知识也是不行的。”

“至于第二点，‘算学可以训练我们，使我们变得更加聪明’，这话只有前一半是对的，后一半却是一种误解。”

“所谓训练我们，只是使我们养成一些做学问和事业的良好习惯。如注意力要集中，要始终如一，要不苟且，要有耐性，要有秩序等等。这些习惯，本来人人都可以养成，不过需要有训练的机会，学算学就是把这种机会给了我们。”

“但是切不可误解了，以为只是学算学才有这样的机会。学地理又何尝不是呢？各种科学都是建立在科学方法上的，只是探索的对象不同。算学是科学，地理也是科学，只要把它当成一件事做，认认真真地学习，都可以养成许多好习惯。”

“说到使人变得聪明，一般人确实有这样的误解，以为只有学算学能够做到。其实，一个人初学算学的时候，思索一个题目的解法非常困难，学得的知识越多，思索起来就越容易，这不过是逐渐熟练的结果，并不是什么聪明。”

“学地理的人，看地图和描地图的次数多了，提起笔来画一个国家地图的轮廓，形状大致可观，这不是初学地理的人能够做到的，也不是什么变得更聪明了。”

“你们总应该承认在初中文理分科是不妥当的吧！”马先生用这句话作为结束。对于这些议论，王有道和李大成虽然不反对，但只认为是马先生鼓励他们对于各科都要用功的话。因为他们觉得有些科目性质不相近，无法领受，与其白费力气，不如索性不学。

尤其是李大成认为算学实在不是人人所能领受的，于是他向马先生提出这样的质问：“算学，我也知道人人必需，只是性质不相近，一个题目往往一两个小时做不出来，所以觉得还不如把时间留给其他学科。”

“这自然是如此，与其费了时间，毫无所得，不如做点别的。王有道看地理的时候，他一定觉得毫无兴味，看一两遍，时间费去了，仍然记不住，倒不如多演算两个题目。但是这都是偏见，学起来没有趣味，以及得不出什么结果，你们应当想，这不一定是科目的关系。”

“至于性质不相近，不过是一种无可奈何的说明，人的脑细胞并没有分成学算学和学地理两种。据我看来，学起来不感兴趣，便常常不去亲近它，因此越来越觉得和它不能相近。至于学着不感兴趣，大概是不得其门而入的缘故，这是学习方法的问题。”

“就拿地理说，现在是交通极发达、整个世界息息相通的时代，用新闻纸来作引导，我想，学起来津津有味，也就容易记住了。日本和苏俄不是常常发生边界冲突吗？把地图、地理教科书和这则新闻对照起来读，就活泼有趣了。”

“又如，中国参加世界运动会的选手的行程，不是从上海出发起，每到一处都发来电报和通信吗？如果是一面读电报，一面用地图和地理教科书作参证，那么从中国到德国的这条路线，你就可以完全明了而且容易记牢了。”

“用现时发生的事件来作线索去读地理，我想这正和读《西游记》一样。你读《西游记》不会觉得枯燥、无趣，读了以后，就知道从中国到印度在唐朝时要经过什么地方。这只是举例的说法。”

“《西游记》中有唐三藏、孙悟空、猪八戒，中国参加世运团中有院长、铁牛、美人鱼，他们的行程记不正是一部最新改编版的《西游记》吗？‘处处留心皆学问’，这句话用到这里，再确切不过了。”

“总之，读书不要过于受到教科书的束缚，只有这样才不会枯燥无味，才可以得到鲜活的知识。”

王有道听了这番话，脸上露出心领神会的表情，快活地问道:“那么，学校里教地理为什么要用一本死板的教科书呢？如果每次用一段新闻来讲不是更好吗？”

“这是理想的办法，但是事实上有许多困难。地理也是一门科学，它有它的体系，新闻所记录的事件，并不是按照这个体系发生的，所以不能用它作为材料来教授。”

“一切课程都是如此，教科书是有体系的基本知识，是经过提炼和组织的，所以是死板的，和字典、辞书一样。而想求得鲜活知识则要以当前所遇见的现象作线索，用教科书作参证。”

李大成原是对地理有兴趣而且成绩很好的，听到马先生这番议论，不觉心花怒放，但是同时也有一个疑问。他感到困难的算学，按照马先生的说法，自然是人人必需，无可否认的了。

但是，怎样才是人人能领受的呢？怎样可以用活泼的现象作为线索去学习呢？难道碰见一个龟鹤算的题目，硬要去捉些乌龟、白鹤摆来看吗？并且这样的傻事，他也曾经做过，但是一无所得。

李大成计算“大小二数的和是30，差是4，求二数”这个题目的时候，曾经用30个铜板放在桌上来试验。先将4个铜板放在左手里，然后两手同时从桌上把剩下的铜板一个一个地拿到手里。到拿完时，左手是17个，右手是13个，因而他知道大数是17，小数是13。

但是李大成不能从这试验中写出算式$(30-4)\div 2=13$和$13+4=17$来。他知道马先生对于学习地理的意见是非常好的，可为什么没有同样的方法指导他们学习代数呢？

李大成于是就向马先生提出了这个疑问:“地理，这样学习，自然人人可以领受了，难道算学也可以这样学吗?”

“可以，可以!”马先生毫不犹豫地回答，“不过内在相同，情形各异罢了。我最近正在思索这种方法，已经略有所得。好!就把你们作为第一次试验吧!”

“今天我们谈话的时间很久了，好在你们和我一样，暑假中都不到什么地方去，以后我们每天来谈一次。”

“我觉得学算学需要弄清楚算术，所以我现在注意的全是学习解答算术问题的方法。算术的基础打得好，对于算学自然有兴趣，进一步去学代数、几何也就不难了。”

从这次谈话的第二天起，王有道和李大成还约了几个同学，每天都来听马先生讲课。以下便是李大成的笔记，是经过他和王有道的斟酌而修正过的内容。

2 怎样具体地表达数量以及两个数量间的关系

学习一种东西，首先要端正学习态度。现在有些人学习，只是用耳朵听老师讲，用眼睛看老师写，用手照抄下来，把讲的内容牢牢记住而已。

这正如拿着口袋到米店去买米，付了钱，让别人将米倒在口袋里，自己背回家就完事大吉一样。把一袋米放在家里，肚子就不会饿了吗？

买米的目的，是把它做成饭，吃到肚里，将饭消化了，吸收生理上所需要的，将不需要的污秽排泄。所以饭得自己煮，自己吃，自己消化，营养得自己吸收，污秽得自己排泄。老师所能给予学生的，只是生米和煮饭的方法。

学习和研究这两个词，大多数人都在乱用。读一篇小说，就是在研究文学，这是错的。不过学习和研究的态度应当一样。研究应当依照科学方法，学习也应当依照科学方法。

所谓科学方法，就是从观察和实验中收集材料，加以分析、综合整理。学习也应当如此。

算学，就初等范围内来说，离不开数和量，而数和量都是抽象的。两条板凳和三支笔是具体的，“两条”“三支”以及“两”和“三”全是抽象的。抽象的，是无法观察和实验的。然而为了学习，我们不妨开一个方便法门，将内容具体化。

昨天我4岁的小女儿跑来向我要5个铜板，我忽然想到测试她认识数量的能力，先只给她3个。她说只有3个，我便问她还差几个。于是她把左手的五指伸出来，右手将左手的中指、无名指和小指捏住，看了看，说差两个。

这就是数量表达的方便法门。这方便法门，不仅是小孩子学习算学的基础，也是人类建立全部算学的基础，我们所用的不正是十进数吗？

用指头代替铜板，当然也可以用指头代替人、马、牛，然而指头只有十个，而且分属于两只手，所以第一步就由用两只手进化到用一只手，将指头屈伸着或做种种形象以表示数。不过数大了仍旧不方便。

于是进化到用笔涂点子来代替手指，到这一步能表示的数自然更多了。不过点子太多也很难一目了然，而且在表示数和数的关系时更不方便。因此，有必要将它改良。

既然可以用“点”作为具体地表示数的方便法门，当然也可以用线段来代替“点”。严格地说，画在纸上，“点”和线段其实是一样的。用线段来表示数量，首先很容易想到两种形式：

第一，一，二，三……和 |，||，|||……这和“点”一样不方便，应该再加以改良。

第二，不妨将这些线段连结成为一条长的线段，成为竖的（6 5 4 3 2 1 0）或横的（6 5 4 3 2 1 0）。用多长的线段表示1，这是个人的绝对自由。

所以只要在纸上画一条长线段，再在线段上随便画一点作为起点0，再从起点0起，依次取等长线段便得1，2，3，4……

这是数量的具体表达的方便法门。有了这个方便法门，算学上的四个基本法则，都可以用画图来计算了。

第一，加法，这用不着说明，如图1，便是5+3=8。

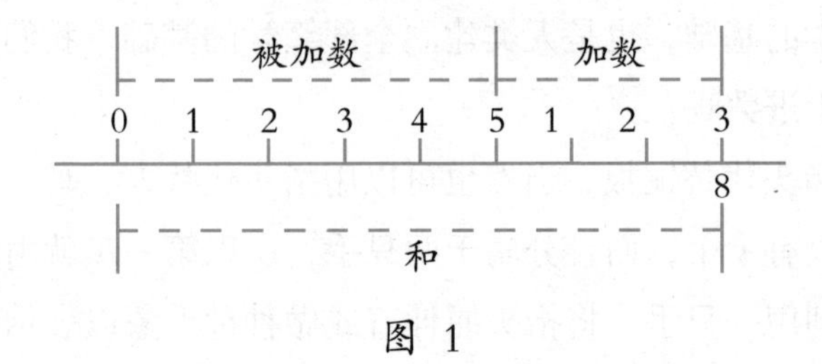

图 1

第二，减法，只要把减数反向画就行了，如图2，便是8-3=5。

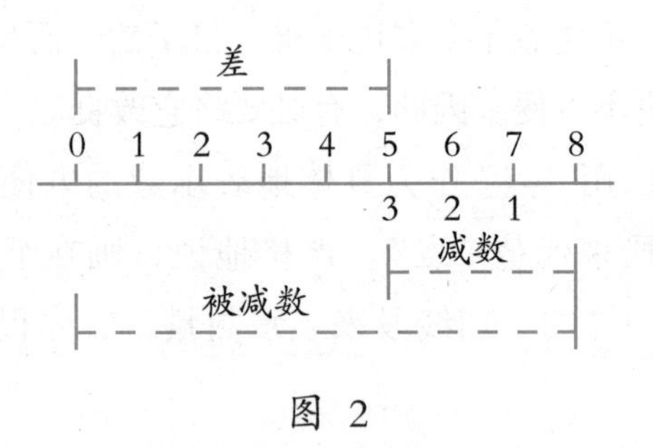

图 2

第三，乘法，本来就是加法的简便方法，所以和加法的画法相似，只需所取被乘数的段数和乘数的相同。不过有小数时，需要参照除法的画法才能将小数部分画出来。如图3，便是5×3=15。

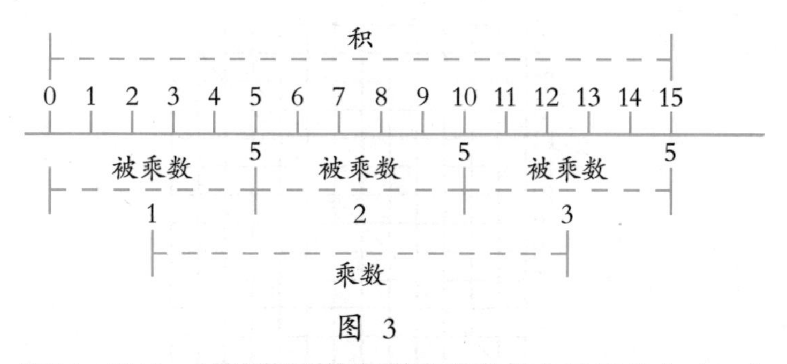

图 3

第四，除法，这要用到几何画法中的等分线段的方法。如图4，便是15÷3=5。

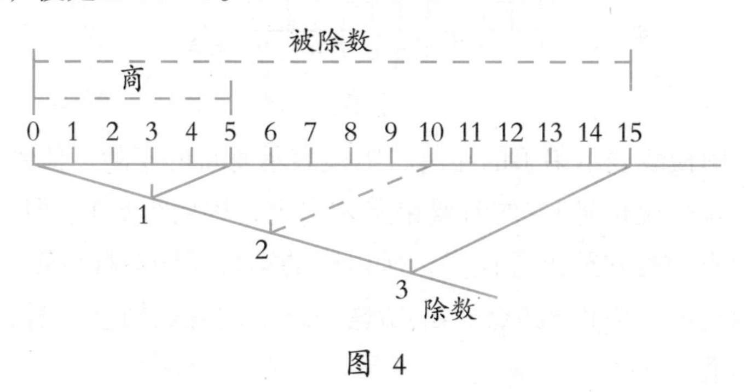

图 4

图中表示除数的线是任意画的，画好以后，便从0起在上面取等长的任意三段01，12，23，再将3和15连起来，过1画一条线和它平行，这线正好通过5，5就是商数。图中的虚线是为了看起来更清爽而画的，实际上却没有必要。

懂得了四则运算的基础画法了吗？现在进一步来看两个数的几种关系的具体表示法。用两条十字交叉的线，每条表示一个数量，那交点就算是共通的起点0，这样来源相同，趋向个别的法门，倒也是一件好玩的事情。

第一，差是一定的两个数量的表示法：

例如：哥哥13岁，弟弟10岁，哥哥比弟弟大几岁？

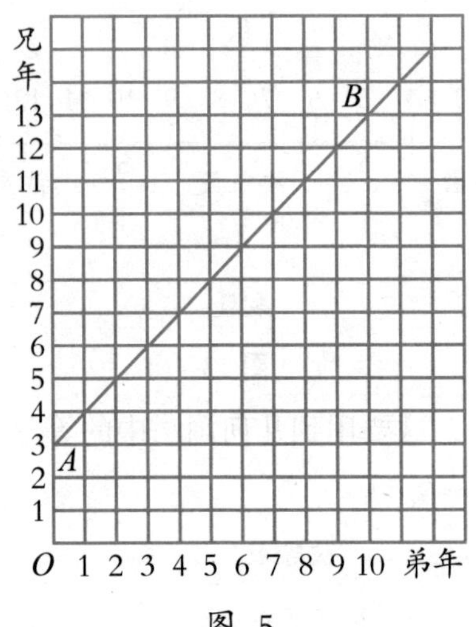

图 5

用横线表示弟弟的年龄，纵线表示哥哥的年龄，他俩差3岁，就是说哥哥3岁的时候弟弟才出生，因而得A点。但是哥哥13岁的时候弟弟是10岁，所以竖的第10条线和横的第13条是相交的，因而得B点。由AB这条线上的各点横竖一看，便可知道：

①哥哥几岁（例如5岁）时，弟弟若干岁（2岁）。

②哥哥、弟弟年龄的差总是3岁。

③哥哥6岁时，是弟弟年龄的2倍。

……

第二，和是一定的两个数量的表示法：

例如：张老大、宋阿二两个人分15块钱，张老大得9块，宋阿二得几块？

用横线表示宋阿二得的钱，纵线表示张老大得的钱。张老大全部拿去，宋阿二便两手空空，因而得A点。反过来，宋阿二全部拿去，张老大便两手空空，因而得B点。由AB这线上的各点横竖一看，便知道：

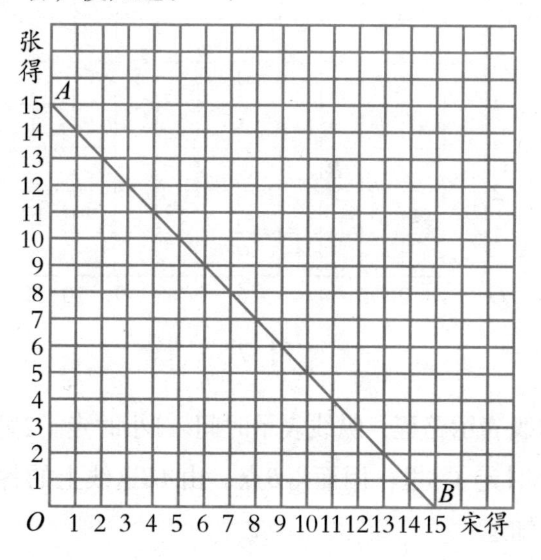

图 6

①张老大得9块的时候，宋阿二得6块。

②张老大得3块的时候，宋阿二得12块。

……

第三，一个数量是另一个数量一定倍数的表示法：

例如：一个小孩子每小时走2里①路，3小时走多少里呢？

①传统长度单位，1里=500米。

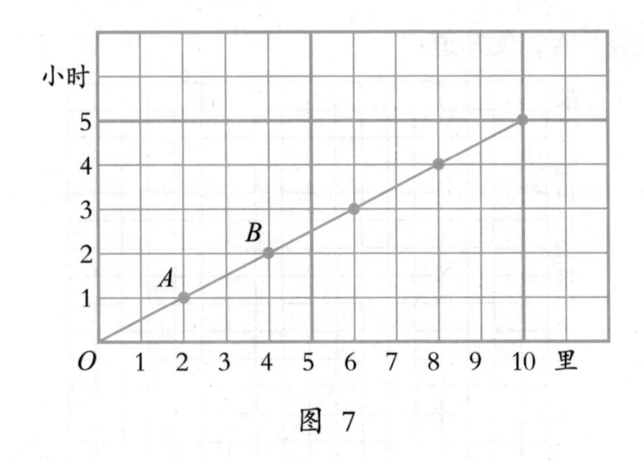

图 7

用横线表示路程，纵线表示时间。1小时走了2里，因而得A点；2小时走了4里，因而得B点。由AB这线上的各点横竖一看，便可知道：

①3小时走了6里。

②4小时走了8里。

3 解答如何产生——交差原理

“昨天讲的最后三个例子，你们总没有忘掉吧！如果是这样健忘，那就连吃饭、走路都学不会了。”马先生一走进门，还没立定，笑嘻嘻地这样开场。大家自然只是报以微笑。马先生于是口若悬河地开始这一课的讲演。

昨天的最后三个例子，图上都是一条线段，各条线段都表示了两个量所保有的一定关系。从线段上的任意一点，横竖一看，马上就知道了，满足于某种条件的甲量在变化时，乙量是怎样的。

如图7，已知每小时走2里这个条件，4小时便走了8里，5小时便走了10里。

这种图，对于我们当然很有用。比如说，你有个弟弟，每小时可走6里路，他出门去了。你如果照样画一张图，他离开你后，你坐在屋里，只要看看表，他走了多久，再看看图，就可以知道他离你有多远了。

如果你还清楚这条路沿途的地名，你当然可以知道他已到了什么地方，还要多长时间才能到达目的地。如果他走后，你突然想起什么事，需得关照他，正好有长途电话可用，你岂不是很容易找到打电话的时间和通话的地点吗？

这是一件很巧妙的事，已落了无巧不成书的老套。古往今来，有几个人碰巧会遇见这样的事？这有什么用途呢？你也许要这样问。

然而这只是一个用来打比方的例子，按照这样推想，我们一定能够绘制出一幅地球和月亮运行的图吧。从这上面，岂不是在屋里就可以看出任何时候地球和月亮的相互位置吗？这岂不是有了孟子所说的“天之高也，星辰之远也，苟求其故，千岁之日至，可坐而致也”那副神气吗？

算学的野心，就是想把宇宙间的一切法则，统括在几个式子或几张图上。按现在说，这似乎是犯了夸大狂的说法，姑且丢开，转到本题。

算术上计算一道题，除了混合比例那一类以外，总只有一个解答，这解答靠昨天所讲过的那种图，可以得出来吗？

当然可以，我们不是能够由图上看出来，张老大得9块钱的时候，宋阿二得的是6块钱吗？

不过，这种办法只是对于这样简单的题目可以得出答案来，遇见较复杂的题目，就很不方便了。比如，将题目改成这样：

> 张老大、宋阿二分15块钱，要使得张老大比宋阿二多得3块，应该怎样分呢？

当然我们可以这样老老实实地去把解法找出来：

> 张老大拿15块的时候，宋阿二1块都拿不到，相差的是15块。张老大拿14块的时候，宋阿二可得1块，相差的是13块……

这样一直数到张老大拿9块，宋阿二得6块，相差正好是3块，这便是答案。这样的做法，就是对于这个很简单的题目，也需做到六次，才能得出答案。比较复杂的题目，或是题上数目较大的，那就不胜其烦了。

老老实实的办法，就不是好办法！所以算术上的解法必须更巧妙一些。这样，就来讲交差原理。

我们假设，两个量间有一定的关系，可以用一条线表示出来。那么像刚刚举的这个例题，就包含两种关系：第一，两个人所得钱的总和是15块；第二，两个人所得钱的差是3块。当然每种关系都可画一条线来表示。

所谓一条线表示两个数量的一种关系，精确地说，就是：无论从那条线上的哪一点，横看和竖看所得的两个数量都有同一的关系。

假如，表示两个数量的两种关系的两条线段是交叉的，那么，相交的地方当然是一个点。由这一点横看竖看所得出的两个数量，既保有第一条线所表示的关系，同时也保有第二条线所表示的关系。

换句话说，便是这两个数量同时具有题上的两个关系。这样的两个数量，当然是题上所要的答案。试将前面的例题画出图来看，就会非常明了。

第一个条件，“张老大、宋阿二分15块钱”，这是两人所得钱的和一定，用线段表示，便是AB。

第二个条件，“张老大比宋阿二多得3块钱”，这是两人所得钱的差一定，用线段表示，便是CD。

AB和CD相交于E点，就是指E点既在AB上，同时也在CD上，所以两条线段所表示的条件，它都包含。

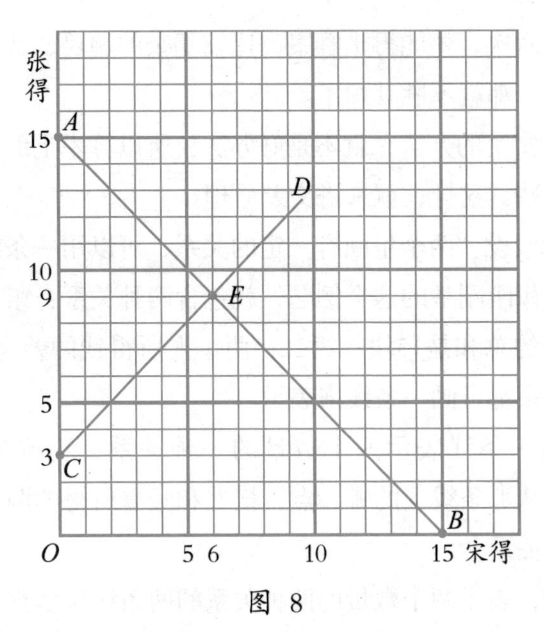

图 8

由E点横看过去，张老大得的是9块钱；竖看下来，宋阿二得的是6块钱。正好，9块加6块等于15块，就是AB线段所表示的关系。而9块比6块多3块，就是CD线段所表示的关系。E点正是本题的答案。

“两线的交点同时包含着两线所表示的关系。”这就是交差原理。

顺水推舟，再补充几句。假如两线不止一个交点怎么办？那就不止一个答案。不过，以后连续的若干次讲演中都不会遇见这种情形。

两线没有交点怎样？那就没有答案。没有答案还成题吗？不客气地说，这题不可能。所谓不可能，就是按照题上所给的条件，它所求的答案是不存在的。

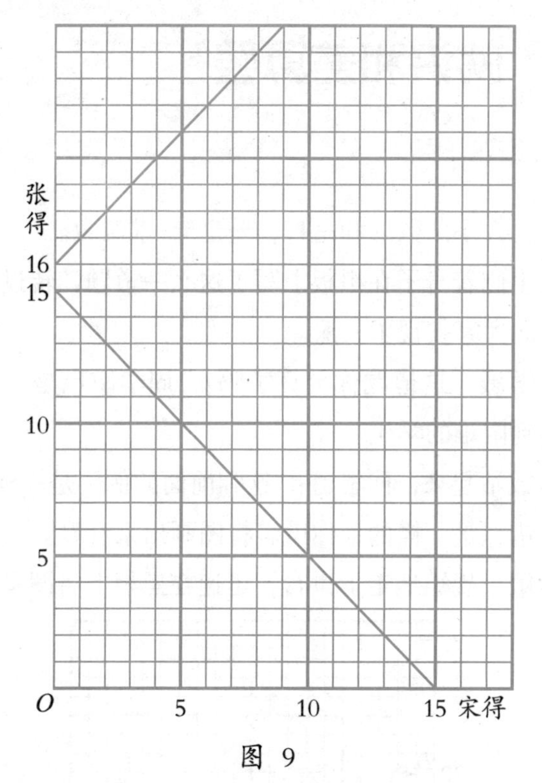

图 9

比如，前面的例题，第二个条件，换成“张老大比宋阿二多得16块钱”，画出图来，从图上看两线段便没有交点。事实上，两个人分15块钱，无论怎样，都不会有一个人比另一个人多得16块的情形。

教科书上的题目，是为了学习的人方便练习而编，所以都会得出答案。但是到了实际生活中，就得注意题目是否可能，假如不可能，解释这不可能的理由，也是学习算学的人应当做的工作。

4 就讲和差算罢

例一：大小两数的和是17，差是5，求两数。

马先生侧着身子在黑板上写了这么一道题，转过来对着听众，两眼向大家扫视了一遍。

“周学敏，这道题你会算了吗？”周学敏也是一个对于学习算学感到困难的学生。

周学敏站起来，回答道：“这和前面的例子是一样的。”

“不错，是一样的，你试着将图画出来看看。”

周学敏很规矩地走上讲台，迅速在黑板上将图画了出来。

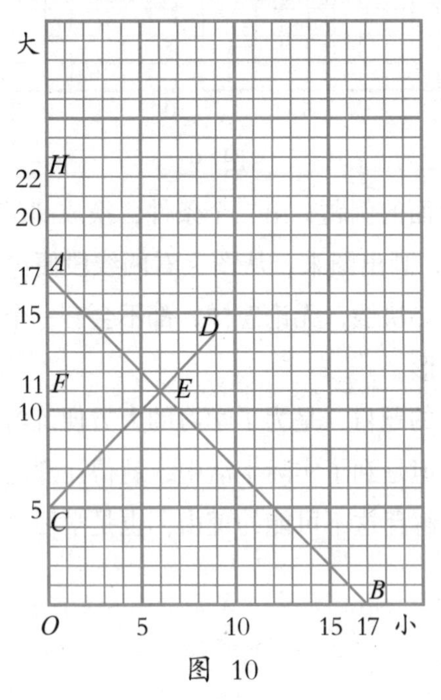

图 10

马先生看了看，问："得数是多少呢？"

"大数是11，小数是6。"

虽然周学敏得出了这个正确的答案，但是他好像不是很满意，回到座位上，两眼迟疑地望着马先生。

马先生觉察到了，问："你还放心不下什么？"

周学敏立刻回答道："这样画法是懂得了，但是这个题的算法还是不明白。"

马先生点了点头说："这个问题很有意思。不过你们应当知道，这只是算法的一种，因为它比较具体而且可以依据一定的法则，所以很有价值。由这种方法计算出来以后，再仔细地观察、推究，有时便可得来算术中的计算法。"

如图，*OA*是两数的和，*OC*是两数的差，*CA*便是两数的和减去两数的差，*CF*恰是小数，又是*CA*的一半。因此就本题来说，便得出：

$$\underbrace{(17-5)}_{CA}\div 2=12\div 2=6\text{（小数）}$$

17 → *OA*，5 → *OC*，12 → *CA*，6 → *CF*

$$6+5=11\text{（大数）}$$

6 → *CF*，5 → *OC*，11 → *OF*

*OF*既是大数，*FA*又等于*CF*，若在*FA*上加上*OC*，就是图中的*FH*，那么*FH*也是大数，所以*OH*是大数的2倍。由此，又可得到下面的算法：

$$(17+5)\div 2=22\div 2=11$$（大数）

⋮ ⋮ ⋮ ⋮

$\underbrace{OA\ AH}_{OH}$　OH　OF

$11-5=6$（小数）

⋮ ⋮ ⋮

OF OC CF

记好了OA是两数的和，OC是两数的差，由这计算，还可得出这类题的一般的公式来：

（和＋差）÷2＝大数，大数－差＝小数；

或

（和－差）÷2＝小数，小数＋差＝大数。

例二：大小两数的和为20，小数除大数得4，大小两数各是多少呢？

这道题的两个条件是：

（1）两数的和为二十，这便是和一定的关系；

（2）小数除大数得四，换句话说，便是大数是小数的4倍，倍数一定的关系。

由（1）得图中的AB，由（2）得图中的OD。AB和OD交于E点。由E点横看得16，竖看得4。大数16，小数4，就是所求的解答。

“你们试着由图上观察，发现本题的计算法，和计算这类题的公式。”马先生一边画图，一边说。

大家都睁着双眼盯着黑板，还算周学敏勇敢：“OA是两数的和，*OF*是大数，*FA*是小数。”

“好！*FA*是小数。”马先生好像对周学敏的这个发现感到惊异，“那么，*OA*里一共有几个小数？”

“5个。”周学敏说。

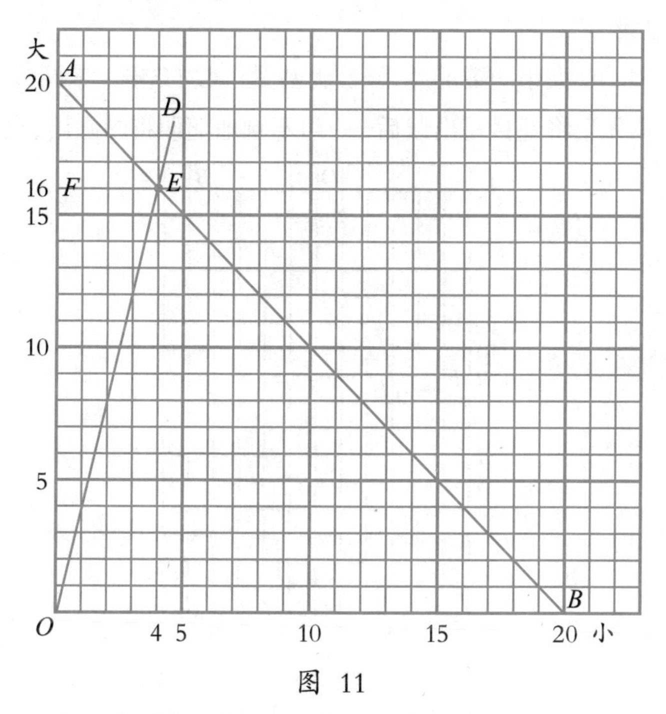

图 11

“5个？从哪里来的？”马先生有意地问。

“*OF*是大数，大数是小数的4倍。*FA*是小数，*OA*等于*OF*加上*FA*。4加1是5，所以有5个小数。”王有道回答。

“那么，本题应当怎样计算呢？”马先生。

“用5去除20得4，是小数；用4去乘4得16，是大数。”马先生回答后，静默了一会儿，提起笔在黑板上一边写，一边说：“要这样，在理论上才算完全。”

$20\div(4+1)=4$为小数

$4\times4=16$为大数

马先生接着又问："公式呢？"

大家差不多一同说："和÷（倍数+1）=小数，小数×倍数=大数。"

例三：大小两数的差是6，大数是小数的3倍，求两数。

马先生将题目写出以后，一声不响地随即将图画出，便问：

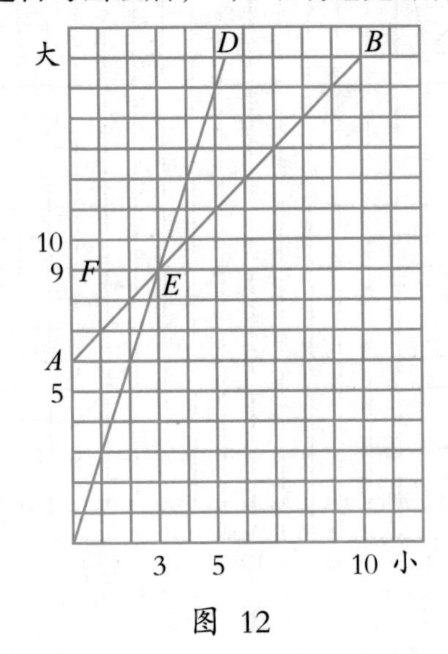

图 12

"大数是多少？"

"9！"大家齐声回答。

"小数呢？"

"3！"也是众人一齐回答。

"在图上，*OA*是什么？"

"两数的差。"周学敏答道。

"*OF*和*AF*呢？"

“OA中有几个小数？”

“3减1个！”王有道不甘示弱地争着回答。

“周学敏，这题的算法是什么？”

“$6\div(3-1)=6\div2=3$（小数），$3\times3=9$（大数）。”

“李大成，计算这类题的公式呢？”马先生表示默许以后说。

“差÷（倍数-1）=小数，小数×倍数=大数。”

例四：周敏和李成分32个铜板，周敏得的比李成得的3倍少8个，各得几个？

马先生在黑板上写完这道题目，板起脸望着我们，大家不禁哄堂大笑，但是不久就静默下来，望着他。

马先生：“这回，老文章有点难套用了，是不是？第一个条件两人分32个铜板，这是‘和一定的关系’，这条线段自然容易画。第二个条件却含有倍数和差，困难就在这里。王有道，表示这第二个条件的线怎样画法？”

王有道有些为难了，紧紧地闭着双眼思索，右手的食指不停地在桌上画来画去。

马先生说：“西洋镜凿穿了，原是不值钱的。只要想想昨天讲过的三个例子的画线法，本质上毫无分别。现在不妨先来解决这样一个问题，‘甲数比乙数的2倍多3个’，怎样用线段表示出来？”

“连结它们成一条线段，现在仍旧可以依样画葫芦。用横线表示乙数，纵线表示甲数。”

“甲比乙的2倍多3个，若乙是零，甲就是3，因而得A点。若乙是1，甲就是5，因而得B点。”

“现在从AB延长线上的任意一点，比如C，横看得11，竖看得4，不是正符合条件吗？”

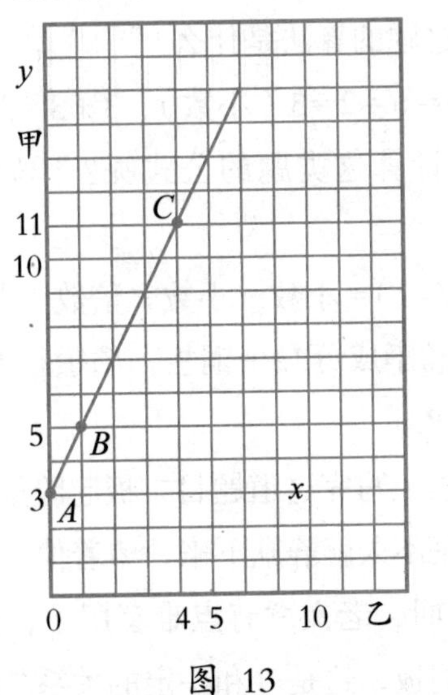

图 13

“如果将表示小数的横线向上移3个单位，用x表示，表示大数的纵线用y表示，对于x和y来说，AB不是正好表示一个数是另一个数一定倍数的关系吗？”

“明白了吗？”马先生很庄重地问。

大家只以沉默表示已经明白。接着，马先生又问：“那么，表示‘周敏得的比李成得的3倍少8个’，这条线段怎么画？周学敏来画画看。”

大家又笑一阵。周学敏在黑板上画成下图：

“由这图看来，李成一个铜板不得的时候，周敏得多少？”马先生问。

“8个！”周学敏回答。

“李成得1个呢？”

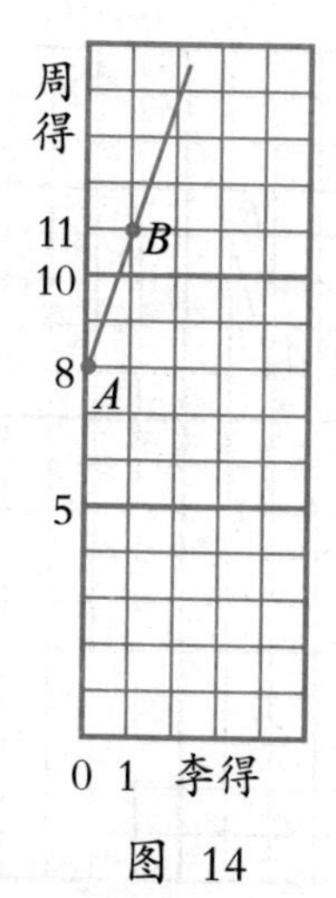

图 14

“11个！”有一个同学回答。

“那岂不是文不对题吗？”这一来大家又呆住了。

毕竟王有道的算学好，他说：“题目上是‘比3倍少8’，不能这样画。”

“按照你的意见，应当怎么画？”马先生问王有道。

“我不知道怎样表示‘少’？”王有道说。

“不错，这一点需要特别注意。现在大家想，李成得3个的时候，周敏得几个？”

“1个！”

“李成得4个的时候呢？”

“4个！”

“这样A，B两点都得出来了，连结AB，对不对？”

“对！”大家露出有点乐得忘形的神气，拖长了声音这样回答，惹得马先生也笑了。

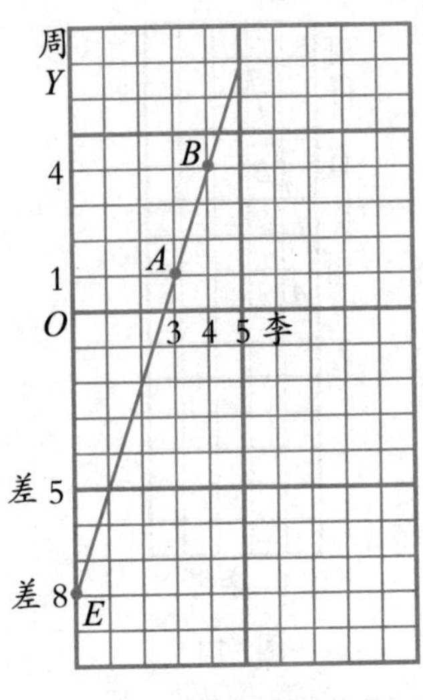

图 15

“再来变一变戏法，将AB和OY都向相反方向拉长，相交于点E。OE是多少？”

“8！”

“这就是‘少’的表示法，现在回归到本题。”马先生接着画出了图16。

“各人得多少？”

“周敏22个，李成10个！”周学敏回答。

“算法呢？”

“$(32+8)\div(3+1)=40\div4=10$是李成得的数。

$10\times3-8=30-8=22$是周敏得的数。”我说。

“公式是什么？”

好几个人回答：“（总数＋少数）÷（倍数＋1）＝小数，

小数×倍数－少数＝大数。”

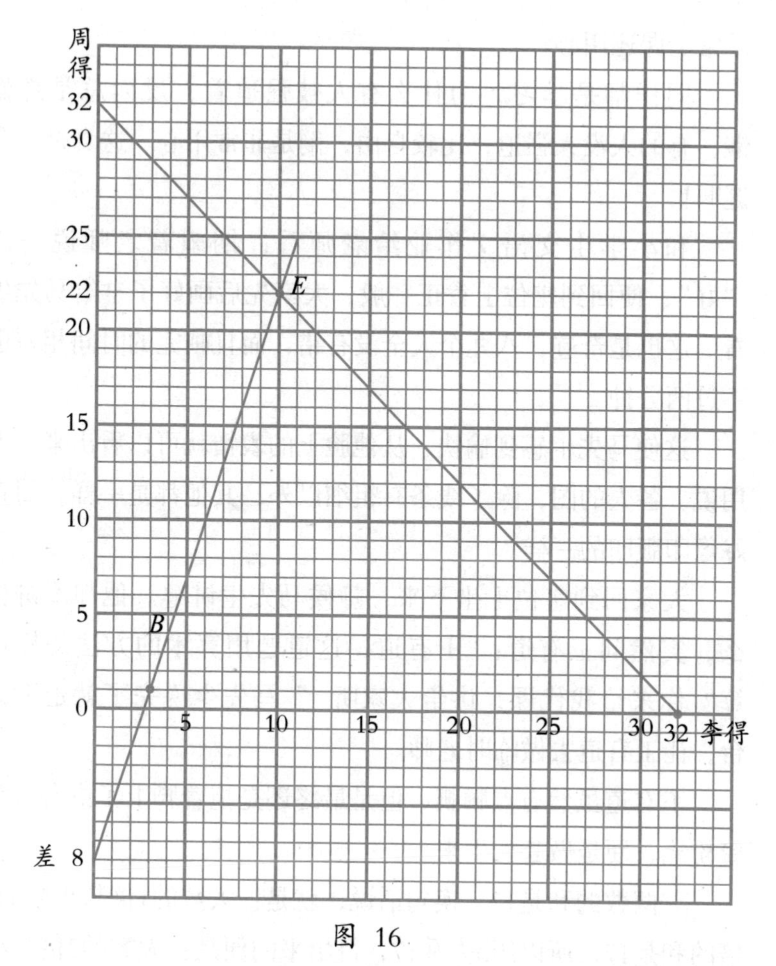

图 16

例五：两数的和是17，大数的3倍与小数的5倍的和是63，求两数各是多少？

“我用这个题来结束这第四段。你们能用画图的方法求出答案来吗？各人都自己算算看。”马先生写完题后这么说。

跟着，每一个人都用铅笔、三角板在方格纸上画。方格纸是马先生预先叫大家准备的。这是很奇怪的事，每一个人都比平常上课还用心。

同样都是学习，为什么有人被强迫着，反而总是想偷懒；有的人没人强迫，比较自由，倒是非常用心。这真是一个谜啊!

和小学生交语文作业给老师看，期望着老师说一声“好”，便回到座位上誊正一般，大家先后画好了拿给马先生看。这也是奇迹，八九个人全没有错，而且画完的时间相差也不过两分钟。

这使马先生感到愉快，从他脸上的表情就可以看出来。不用说，各人的图，除了线条有粗细以外，其他都是一样，简直好像印版印的一样。

大家回到座位上坐下来，静候马先生讲解。他却不讲什么，突然问王有道：“王有道，这道题用算术的方法怎样计算？你来给我代课，讲给大家听。”马先生说完了就走下讲台，让王有道去做临时老师。

王有道虽然有点腼腆，但是最终还是拖着脚上了讲台，拿着粉笔，硬是做起先生来。

“两数的和是17，换句话说，就是：大数的1倍与小数的1倍的和是17，所以用3去乘17，得出来的便是：大数的3倍与小数的3倍的和。”

“题目上第二个条件是大数的3倍与小数的5倍的和是63。所以，如果从63里面减去3乘17，剩下来的数里，只有‘5减去3’个小数了。”王有道很神气地说完这几句话后，便默默地在黑板上写出下面的式子，写完低着头走下讲台。

$(63-17\times3)\div(5-3)=12\div2=6$ 为小数

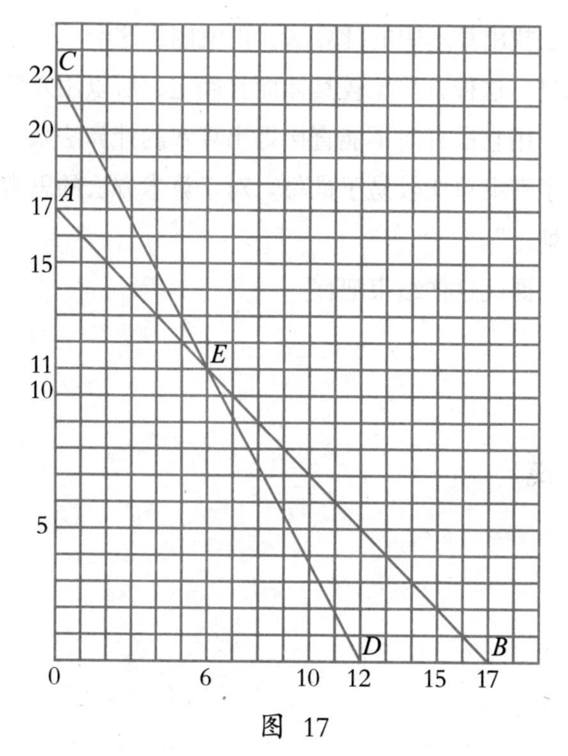

图 17

17-6=11 为大数

马先生接着上了讲台："这个算法，你们大概都懂得了吧？我想你们依照前几个例子，一定要问这个算法是怎样从图上观察出来的。这个问题却把我难住了。我只好回答你们，这是没有法子的。"

"你们已学过了一点代数，知道用方程式来解算术中的四则问题。有些题目，也可以由方程式的计算，找出算术上的算法，并且对于那算法加以解释。"

"但是有些题目，要这样做却很勉强，而且有些简直勉强不来。各种方法都有各自的立场，这里不能和前几个例子一样，由图上找出算术中的计算法，也就因为这个。”

“不过，这种方法比较具体而且确定，所以用来解决问题比较方便。用它虽有时不能直接得出算术的计算法来，但是一个题已有了答案总比较易于推敲。对于算术方法的思索，这也是一种好处。”

“这一课就这样结束吧！”

5 “追赶上前”的话

“前面曾经说过，如果你有了一张图，坐在屋里，看看表，又看看图，随时就可知道你出了门的弟弟离开你已有多远。这次我就来讲关于走路这一类的问题。”马先生今天这样开场。

例一：赵阿毛上午8时由家中出发去城里，每小时走3里。上午11时，他的儿子赵小毛发现爸爸忘了带的东西，于是拿着从后面追去，每小时走5里，什么时候可以追上呢？

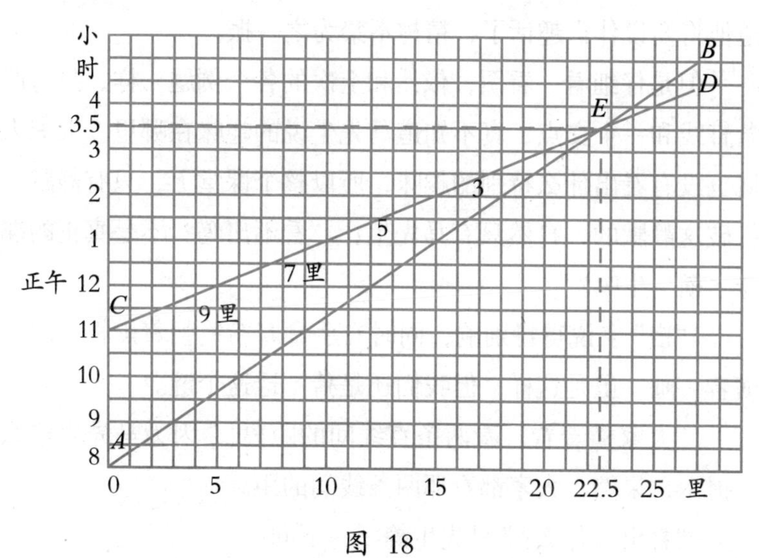

图 18

这题只需用第二段讲演中的最后一个作为基础便可得出来。用横线表示路程，每一小段1里；用纵线表示时间，每两小段1小时。纵横线用作单位1的长度，无妨各异，只要表示得明白即可。

因为赵阿毛是上午8时从家中出发的，所以时间就用上午8时作为起点，赵阿毛每小时走3里，他走的行程和时间是“一定倍数”的关系，画出来就是*AB*线。

赵小毛是上午11时出发的，他走的行程和时间对于交在*C*点的纵横线来说，也是“一定倍数”的关系，画出来就是*CD*线。

*AB*和*CD*交于*E*点，就是赵阿毛和赵小毛父子俩在此相遇了。从*E*点横看，得下午3时半，这就是解答。

“你们仔细看这个，比上次的有趣味。”趣味！今天马先生从走进课堂直到现在，都是板着面孔的。听到这两个字，知道他将要说什么趣话了，精神不禁为之一振。

但是仔细看一看图，依然和上次的各个例题一样，只有两条直线和一个交点，真不知道马先生说的趣味在哪里。大家大概也没有看出什么特别的趣味，所以整个课堂上，只有静默。打破这静默的，自然只有马先生：“看不出吗？不是真正的趣味‘横’生吗？”

“横”字说得特别响，同时右手拿着粉笔朝着黑板上的图横着一画。虽是这样，但我们还是猜不透这个谜。

“大家横着看！看两条直线间的距离！”因为马先生这么一提示，果然，大家都看那两条线间的距离。

“看出了什么？”马先生静了一下问。

“越来越短，最后变成了零。”周学敏回答。

“不错！但是这表示什么意思呢？”

“两人越走越近，到后来便碰在一起了。”王有道回答。

“对的，那么，赵小毛出发的时候，两人相隔几里？”

“9里。”

“走了1小时呢？”

“7里。”

“再走1小时呢？”

“5里。”

“每走1小时，赵小毛赶上赵阿毛几里？”

“2里！”这几次差不多都是齐声回答，课堂里显得格外热闹。

“这2里从哪里来的呢？”

“赵小毛每小时走5里，赵阿毛每小时只走3里，5里减去3里，便是2里。”我抢着回答。

“好！两人先隔开9里，赵小毛每小时能够追上2里，那么几小时可以追上呢？用什么算法计算呢？”马先生这次向着我问。

“用2去除9得4.5。”我答。

马先生又问：“最初相隔的9里怎样来的呢？”

“赵阿毛每小时走3里，上午8时出发，走到上午11时，一共走了3小时，三三得九。”另一个同学这么回答。

在这以后，马先生就写出了下面的算式：

$3^{\text{里}} \times 3 \div (5^{\text{里}} - 3^{\text{里}}) = 9^{\text{里}} \div 2^{\text{里}} = 4.5^{\text{小时}}$ 是赵小毛走的时间

$11^{\text{时}} + 4.5^{\text{时}} - 12^{\text{时}} = 3.5^{\text{时}}$ 即下午3时30分

“从这次起，公式不写了，让你们去如法炮制吧。从图上还可以看出来，赵阿毛和赵小毛相遇的地方，距家22.5里。如果将AE，CE延长，AE翻到了CE的上面两线间的距离又越来越长。这就表示，如果他们父子相遇后，仍继续各自前进，赵小毛便走在了赵阿毛前面，越离越远。”

试将这个题改成“甲每时行3里，乙每时行5里，甲出发后3小时，乙去追他，几时能追上？”这就更一般了，画出图来，当然和前面的一样。不过表示时间的数字需换成0，1，2，3……

例二：甲每小时行3里，出发后3小时，乙去追他，4.5小时追上，乙每小时行几里？

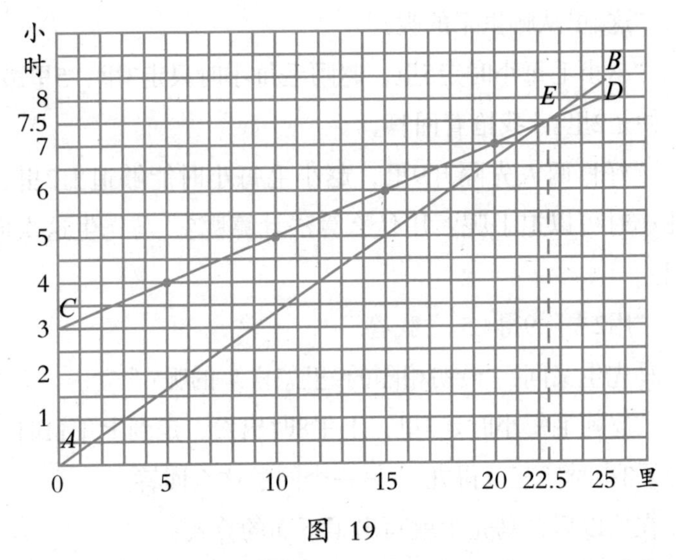

图 19

对于这个题，表示甲走的行程和时间的线，自然谁都会画了。就是表示乙走的行程和时间的线，经过了马先生的指点，以及共同的讨论，大家也知道乙是在甲出发后3小时才出发，因而得C点。

又因为乙追了4.5小时赶上甲，这时甲正走到E，而得E

点，连结CE，就得所求的线。再看每过1小时，横线对应增加5，所以知道乙每小时行5里。这真是马先生说的趣味“横”生了。

不但如此，图上明明白白地指示出来：甲7小时半走的路程是22.5里，乙4.5小时走的也正是这么多，所以很容易使我们想出了这题的算法。

$$3^{\text{里}}\times(3+4.5)\div4.5=22.5^{\text{里}}\div4.5=5^{\text{里}}\text{是乙每小时走的}$$

但是马先生的主要目的不在讨论这题的算法上，当我们得到了答案和算法后，他又写出下面的例题。

例三：甲每小时行3里，出发后3小时，乙去追他，追到22.5里的地方追上，求乙的速度。

跟着例二来解这个问题，真是十分轻松，不必费心思索，就知道应当这样算：

$$22.5^{\text{里}}\div(7.5-3)=22.5^{\text{里}}\div4.5=5^{\text{里}}\text{是乙每小时走的}$$

图大家都懂得如何画了，而且一连这三个例题的图，简直就是一个，只是画的方法或说明不同。

甲走了7.5小时比乙多走3小时，乙走了4.5小时，而路程都是22.5里，上面的计算法，由图上看来，真是“了如指掌”呵！我今天才深深地感到对算学有这么浓厚的兴趣！

马先生在大家算完这题以后发表他的议论：“由这三个例子来看，一个图可以表示几个不同的题，只是着眼点和说明不同。这不是活鲜鲜很有趣味的吗？”

“原来例二、例三都是从例一转化来的，虽然面孔不同，根源的关系却没有两样。这类问题的骨干只是距离、时间、速度的关系，你们当然已经明白：速度×时间=距离。”

“由此演化出来，便得：

速度=距离÷时间

时间=距离÷速度。”

我们说：“赵阿毛的儿子是赵小毛，老婆是赵大嫂子。赵大嫂子的老公是赵阿毛，儿子是赵小毛。赵小毛的妈妈是赵大嫂子，爸爸是赵阿毛。”

这三句话，表面上看起来自然不一样，立足点也不同，从文学上说，所给我们的意味、语感也不同，但是表达的根本关系却只有一个，画个图便是：

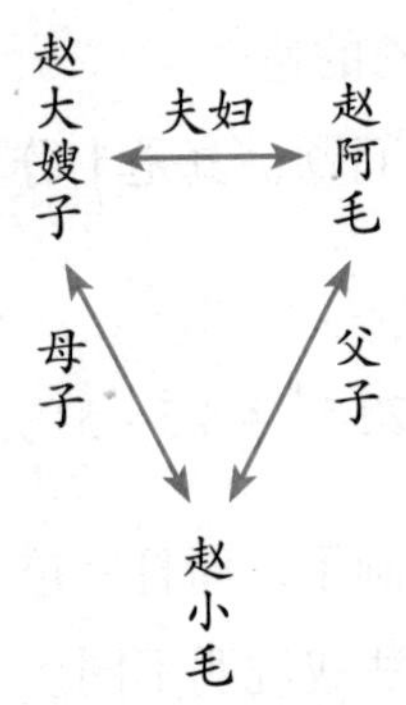

按照这种情形，先将例一分析一下，我们可以得出下面各元素以及元素间的关系：

① 甲每小时行3里。

② 甲先走3小时。

③ 甲共走7.5小时。

④ 甲、乙都共走22.5里。

⑤ 乙每小时行5里。

⑥ 乙共走4.5小时。

⑦ 甲每小时所行的距离（速度）乘以所走的时间，得甲走的距离。

⑧ 乙每小时所行的距离（速度）乘以所走的时间，得乙走的距离。

⑨ 甲、乙所走的总距离相等。

⑩ 甲、乙每小时所行的距离相差为2里。

⑪ 甲、乙所走的时间相差为3小时。

①到⑥是这题所含的六个元素。一般地说，只要知道其中三个，便可将其余的三个求出来。

例1：知道的是①⑤②，而求得的是⑥，但是由②⑥便可得③，由⑤⑥就可得④。

例2：知道的是①②⑥，而求得⑤，由②⑥当然可得③，由⑥⑤便得④。

例3：知道的是①②④，而求得⑤，由①④可得③，由⑤④可得⑥。

不过也有例外，如①③④，因为④可以由①③得出来，所以不能成为一个题。②③⑥只有时间，而且由②③就可得⑥，也不能成题。再看④⑤⑥，由④⑤可得⑥，一样不能成题。

从六个元素中取出三个来做题目，照理可成二十个。除了上面所说的不能成题的三个，以及前面已举出的三个，还有十四个。这十四个的算法，当然很容易推知，画出图来和前三例子完全一样。为了便于比较、研究，逐一写在后面。

例4：甲每小时行3里[1]，走了3小时乙才出发[2]，他共走了7.5小时[3]被乙赶上，求乙的速度。

$3^{\text{里}} \times 7.5 \div (7.5-3) = 5^{\text{里}}$

例5：甲每小时行3里[1]，先出发，乙每小时行5里[5]，从后追他，只知甲共走了7.5小时[3]，被乙追上，求甲先出发几小时？

$7.5-3^{\text{里}} \times 7.5 \div 5^{\text{里}} = 3^{\text{小时}}$

例6：甲每小时行3里[1]，先出发，乙从后面追他，4.5小时[6]追上，而甲共走了7.5小时[3]，求乙的速度。

$3^{\text{里}} \times 7.5 \div 4.5 = 5^{\text{里}}$

例7：甲每小时行3里[1]，先出发，乙每小时行5里[5]，从后面追他，走了22.5里[4]追上，求甲先走的时间。

$22.5^{\text{里}} \div 3^{\text{里}} - 22.5^{\text{里}} \div 5^{\text{里}} = 7.5-4.5 = 3^{\text{小时}}$

例8：甲每小时行3里[1]，先出发，乙追了4.5小时[6]，共走了22.5里[4]追上，求甲先走的时间。

$22.5^{\text{里}} \div 3-4.5 = 7.5-4.5 = 3^{\text{小时}}$

例9：甲每小时行3里[1]，先出发，乙从后面追他，每小时行5里[5]，4.5小时[6]追上，甲共走了几小时？

$5^{\text{里}} \times 4.5 \div 3^{\text{里}} = 22.5^{\text{里}} \div 3^{\text{里}} = 7.5^{\text{小时}}$

例10：甲先走3小时[2]，乙从后面追他，在距出发地22.5里[4]的地方追上，而甲共走了7.5小时[3]，求乙的速度。

$22.5^{\text{里}} \div (7.5-3) = 22.5^{\text{里}} \div 4.5 = 5^{\text{里}}$

例11：甲先走3小时[2]，乙从后面追他，每小时行5里[5]，甲共走了7.5小时[3]时追上，求甲的速度。

$5^{\text{里}} \times (7.5-3) \div 7.5 = 22.5^{\text{里}} \div 7.5 = 3^{\text{里}}$

例12：乙每小时行5里[5]，在甲走了3小时的时候[2]出发追甲，乙共走22.5里[4]追上，求甲的速度。

$22.5^{\text{里}} \div (22.5^{\text{里}} \div 5^{\text{里}} + 3) = 22.5^{\text{里}} \div 7.5 = 3^{\text{里}}$

例13：甲先出发3小时[2]，乙用了4.5小时[6]，走了22.5里路[4]，追上甲，求甲的速度。

$22.5^{\text{里}} \div (3+4.5) = 22.5^{\text{里}} \div 7.5 = 3^{\text{里}}$

例14：甲先出发3小时[2]，乙每小时行5里[5]，从后面追他，走了4.5小时[6]追上，求甲的速度。

$5^{\text{里}} \times 4.5 \div (3+4.5) = 22.5^{\text{里}} \div 7.5 = 3^{\text{里}}$

例15：甲7.5小时[3]走了22.5里[4]，乙每小时行5里[5]，在甲出发后若干小时后出发，正好追上甲，求甲先走的时间。

$7.5 - 22.5^{\text{里}} \div 5 = 7.5 - 4.5 = 3^{\text{小时}}$

例16：甲出发后若干时，乙出发追甲，甲共走了7.5小时[3]，乙共走了4.5小时[6]，所走的距离为22.5里[4]，求各人的速度。

$22.5^{\text{里}} \div 7.5 = 3^{\text{里}}$ 甲的速度

$22.5^{\text{里}} \div 4.5 = 5^{\text{里}}$ 乙的速度

例17：乙每小时行5里[5]，在甲出发若干时后追他，到追上时，甲共走了7.5小时[3]，乙只走4.5小时[6]，求甲的速度。

$5^{\text{里}} \times 4.5 \div 7.5 = 22.5^{\text{里}} \div 7.5 = 3^{\text{里}}$

将这些题目对照图来看，比较它们的算法，可以知道：将一个题中的已知元素和所求元素对调而组成一个新题，这两题的计算法的更改，正有一定法则。大体说来，就是新题的算法，对于被调的元素来说，正是原题算法的还原，加减互变，乘除也互变。

前面每一题都只求一个元素，如果将各未知的三元素都看作一题，实际就成了四十八个。还有，甲每小时行3里，先走3小时，就是先走9里，这也可用来代替第二元素，而和其他二元素组成若干题。这样推究多么活泼有趣！而且对于研究学问实在是一种很好的训练。

本来无论什么题，都可以下这么一番功夫探究的，但是前几次的例子比较简单，变化也就少一些，所以不曾说到。而举一反三，正好是一个练习的机会，所以以后也不用这么麻烦地讲了。

把题目这样推究，学会了一个题的计算法，便可领悟到许多关系相同、形式各样的题的算法，实际不只“举一反三”，简直要“闻一以知十”，使我觉得无比快乐！我现在才感到算学不是枯燥的。

马先生花费许多精力，教给我们探索题目的方法，时间已过去不少，但是他在还不辞辛苦地继续讲下去。

例18：甲、乙两人在东西相隔14里的两地，同时相向出发，甲每小时行2里，乙每小时行1.5里，两人几时在途中相遇呢？

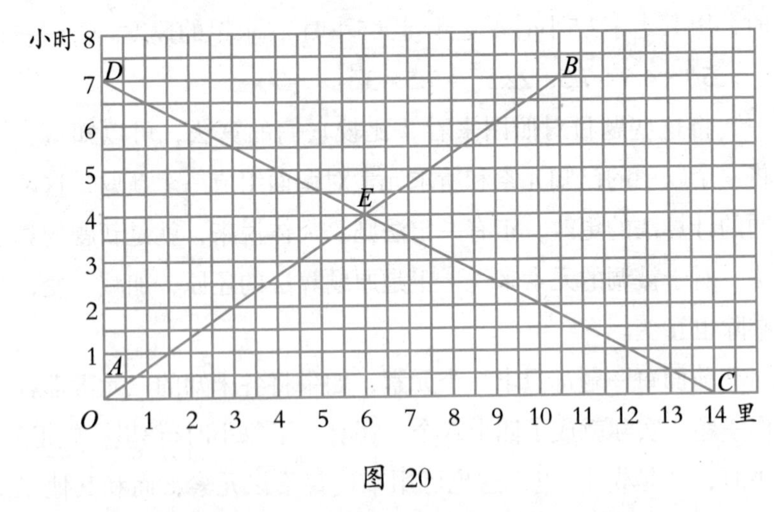

图 20

这差不多算是我们自己做出来的，马先生只告诉了我们，应当注意两点：第一，甲和乙走的方向相反，所以甲从C向D，乙就从A向B，AC相隔14里；第二，因为题上所给的数都不大，图上的单位应取大一些，都用二小段当一，图才好看，做算学也需兼顾好看！

由E点横看得4，自然就是4小时两人在途中相遇了。

“趣味横生”，横向看去，甲、乙两人每走1小时距离就近3.5里，就是甲、乙速度的和，所以算法也就得出来了：

$14^{里} \div (2^{里} + 1.5^{里}) = 14^{里} \div 3.5^{里} = 4^{小时}$

这算法，没有一个人不对，算学真是人人能领受的啊！马先生高兴地提出下面的问题，要我们回答算法，当然，这更不是什么难事！

① 两人相遇的地方，距东西各几里？

$2^{里} \times 4 = 8^{里}$ 距东

$1.5^{里} \times 4 = 6^{里}$ 距西

② 甲到了西地，乙还距东地几里？

$14^{里} - 1.5^{里} \times (14 \div 2^{里}) = 14^{里} - 10.5^{里} = 3.5^{里}$

下面的推究，是我和王有道、周学敏依照马先生的前例做的。

例19：甲、乙两人在东西相隔14里的两地，同时相向出发，甲每小时行2里，走了4小时，两人在途中相遇，求乙的速度。

$(14^{里} - 2^{里} \times 4) \div 4 = 6^{里} \div 4 = 1.5^{里}$

例20：甲、乙两人在东西相隔14里的两地，同时相向出发，乙每小时行1.5里，走了4小时，两人在途中相遇，求甲的速度。

$(14^{里}-1.5^{里}\times4)\div4=8^{里}\div4=2^{里}$

例21：甲、乙两人在东西两地，同时相向出发，甲每小时行2里，乙每小时行1.5里，走了4小时，两人在途中相遇，两地相隔几里？

$(2^{里}+1.5^{里})\times4=3.5^{里}\times4=14^{里}$

这个例题所含的元素只有四个，所以只能组成四个形式不同的题，自然比马先生所讲的前一个例子简单得多。不过，我们能够这样穷追不舍，心中确实感到无比愉快！

下面又是马先生所提示的例子。

例22：从宋庄到毛镇有20里，何畏4小时走到，苏绍武5小时走到，两人同时从宋庄出发，走了3.5小时，相隔几里？走了多长时间，相隔3里？

马先生说这个题目的要点，在于正确指明解法所在。他将表示何畏和苏绍武所走行程、时间关系的线画出以后，问道：

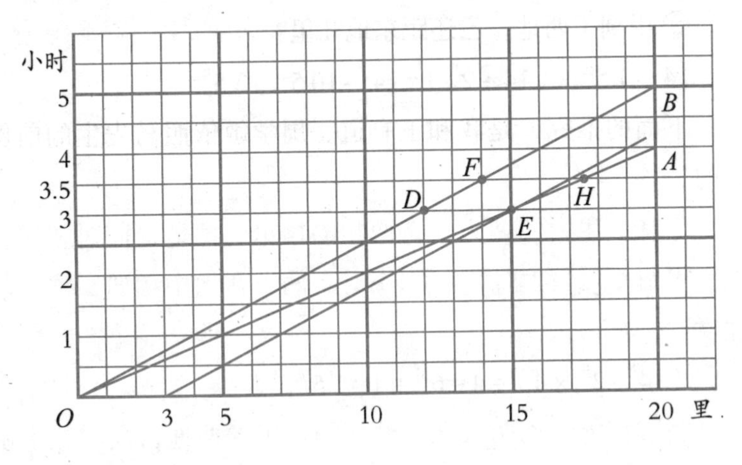

图 21

“走了3.5小时，相隔的距离，怎样表示出来？”

“从3.5小时的那一点画条横线和两直线相交于FH，FH间的距离，3.5里，就是所求的。”

“那么，几时相隔3里呢？”

由图上，很清晰地可以看出来：走了3小时，就相隔3里。但是怎样由画法求出来，却倒使我们呆住了。

马先生见没人回答，便说：“你们难道没有留意过斜方形吗？”随即在黑板上画了一个$ABCD$斜方形，接着说：

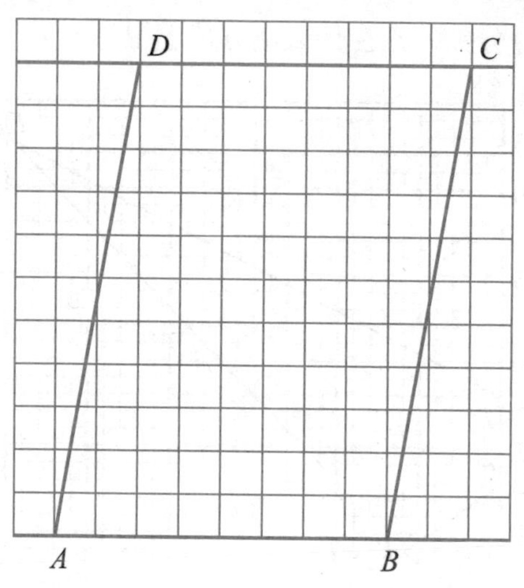

图 22

“你们看图22，AD，BC是平行的，而AB，DC以及AD，BC间的横线都是平行的，不但平行而且还一样长。应用这个道理，（图21）从距O点3里的一点，画一条线和OB平行，它与OA交于E。在E这点两线间的距离正好指示3里，而横向看去，正好是3小时，这便是解答。”

至于这题的算法，不用说，很简单，马先生大概因此不曾提起，我补在下面：

$(20^{里} \div 4 - 20^{里} \div 5) \times 3.5 = 3.5^{里}$ 即走了3.5小时相隔距离

$3^{里} \div (20^{里} \div 4 - 20^{里} \div 5) = 3^{小时}$ 即相隔3里所需走的时间

接下来，马先生所提出的例题更曲折、有趣了。

例23：甲每10分钟走1里，乙每10分钟走1.5里。甲出发50分钟时，乙从甲出发的地点出发去追甲。乙走到6里的地方，想起忘带东西了，马上回到出发处寻找。花费50分钟找到了东西，加快了速度，每10分钟走2里去追甲。如果甲在乙出发转回时，休息过分钟，乙在什么地方追上甲？

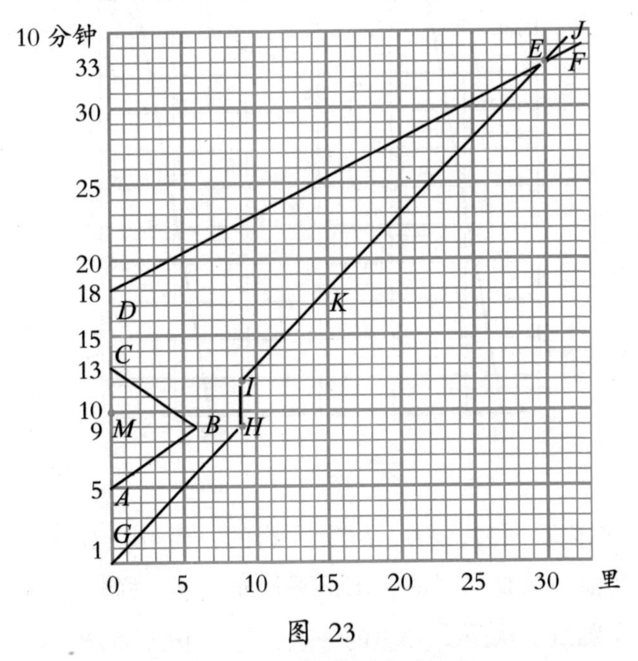

图 23

"先来讨论表示乙所走的行程和时间的线的画法。"马先生说，"这有五点：第一，出发的时间比甲迟50分钟；第二，出发后每10分钟行1.5里；第三，走到6里便回头，速度没有变：第四，在出发地停了50分钟才第二次出发；第五，第二次的速度，每10分钟行2里。”

“依第一点，就时间说，应从50分钟的地方画起，因而得A点。从A点起依照第二点，每一单位时间为10分钟，1.5里的定倍数，画直线到6里的地方，得AB。”

“依第三点，从B折回，照同样的定倍数画线，正好到130分钟的C点，得BC。”

“依照第四点，虽然时间一分一分地过去，乙却没有离开一步，即50分钟都停着不动，所以得CD。”

“依第五点，从D点起，每单位时间，以2里的定倍数，画直线DF。”

“至于表示甲所走的行程和时间的线，却比较简单，始终以一定的速度前进，只有在乙达到6里B，正是90分钟，甲达到9里时，休息了30分钟，然后继续前进，因而这条线是GH，IJ。”

“两线相交于E点，从E点往下看得30里，就是乙在距出发点30里的地点追上甲。”

“从图上观察能够得出算法来吗？”马先生问。

“当然可以的。”没有人回答，他自己说，接着就讲题的计算法。

实际上，这个题从图上看去，就和乙在D点所指的时间，用每10分钟2里的速度，从后面去追甲一样。但是甲这时已走到K点，所以乙需追上的里数，就是DK所指示的。

如果知道了GD所表示的时间，那么除掉甲在HI休息的30分钟，便是甲从G到K所走的时间，用它去乘甲的速度，得出来的即是DK所表示的距离。

图上GA是甲先走的时间，50分钟。

AM，MC都是乙以每10分钟行1.5里的速度，走了6里所花费的时间，所以都是（6÷1.5）个10分钟。

CD是乙寻找东西花费的时间，50分钟。

因此，GD所表示的时间，也就是乙第二次出发追甲时，甲已经在路上花费的时间，应当是：

$$GD=GA+AM\times2+CD=50^{分}+10^{分}\times(6\div1.5)\times2+50^{分}=180^{分}$$

但是甲在这段时间内，休息过30分钟，所以，在路上走的时间只是：

$$180^{分}-30^{分}=150^{分}$$

而甲的速度是每10分钟1里，因而，DK所表示的距离是：

$$1^{里}\times(150\div10)=15^{里}$$

乙追上甲从第二次出发所用的时间是：

$15^{里}\div(2^{里}-1^{里})=15$ 15个10分钟，也就是150分钟

乙所走的距离是：

$$2^{里}\times15=30^{里}$$

这题真是曲折，要不是有图对照，我是很难听懂的。

马先生说："我再用一个例题作为这一课的收场。"

例24：甲、乙两地相隔10000米，每隔5分钟同时对开一部电车，电车的速度为每分钟500米。冯立人从甲地乘电车到乙地，在电车中和对面开来的车两次相遇，中间隔几分钟？再乘车至乙地之间，和对面开来的车相遇几次？

题目写出后，马先生和我们作下面的问答。

“两地相隔10000米，电车每分钟行500米，几分钟可走一趟？”

“20分钟！”

“如果冯立人所乘的电车是对面刚开到的，那么这部车是几时从乙地开过来的？”

“前20分钟。”

“这部车从乙地开出，再回到乙地共需多长时间？”

“40分钟。”

“乙地每5分钟开来一部电车，40分钟共开来几部？”

“8部。”

自然经过这样一番讨论，马先生将图画了出来，还有什么难懂的呢？

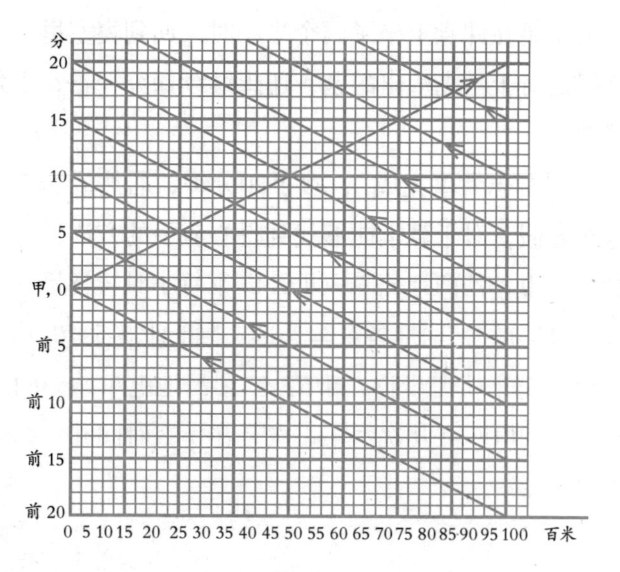

图 24

从图上一眼就可看出，冯立人在电车中，和对面开来的电车相遇2次，中间相隔的是2.5分钟。而从开车到乙地，中间和对面开来的车相遇7次。

算法是这样：

$10000^{米} \div 500^{米} = 20^{分}$——走一趟的时间

$20^{分} \times 2 = 40^{分}$——来回一趟的时间

$40^{分} \div 5^{分} = 8$——一部车来回一趟，中间乙所开的车数

$20^{分} \div 8 = 2.5^{分}$——和对面开来的车相遇两次，中间相隔的时间

$8^{次} - 1^{次} = 7^{次}$——和对面开来的车相遇的次数

“这节课到此为止，但是我还得拖个尾巴，留个题目给你们自己去做。”说完，马先生写出下面的题目，匆匆退出课堂，他额头上的汗珠已滚到脸颊上了。

今天足足在课堂上坐了两个半小时，回到寝室里，觉得很疲倦，但是对于马先生出的题，还想继续探究一番，于是决心独自试做。

总算“有志者事竟成”，费了20分钟，居然成功了。但愿经过这次暑假，对于算学能够找到得心应手的方法！

例25：甲、乙两地相隔三里，电车每小时行18里，从上午5时起，每15分钟，两地各开车一部。阿土上午5：01从甲地电车站，顺着电车轨道步行，于6：05到乙地电车站。阿土在路上碰到往来的电车共几次？第一次是在什么时间和什么地点？

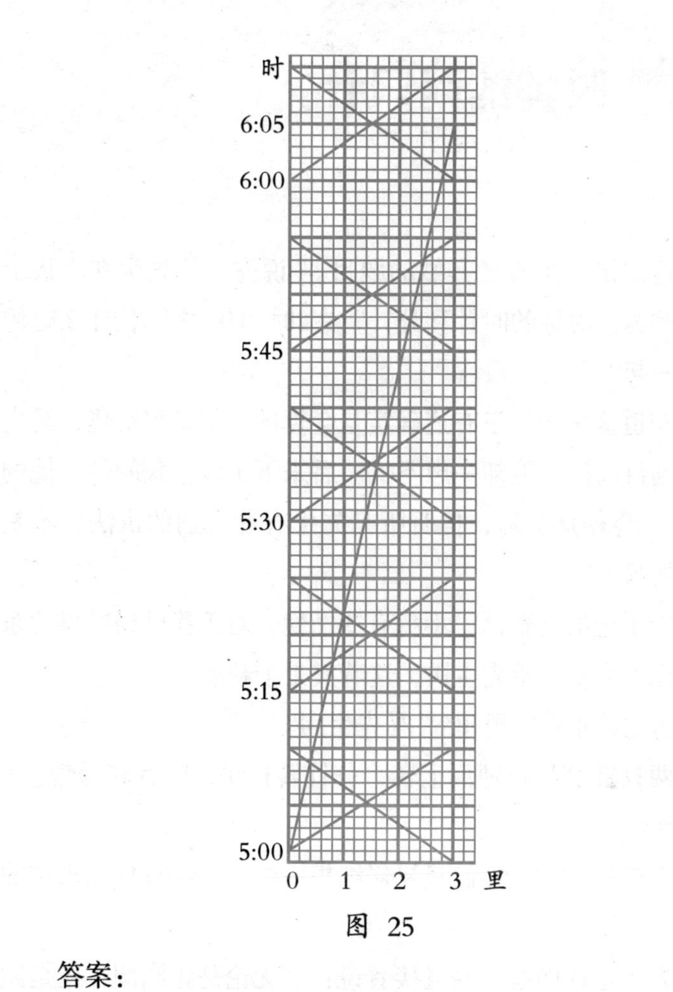

图 25

答案：

阿土共碰到往来电车8次。

第一次约在上午5时9分半。

第一次离甲地约0.45里。

6 时钟的两只针

“这次讲一个莫名其妙的题目。”说完，马先生在黑板上写出一例题：时钟的时针和分针，在2时和3时之间，什么时候重合在一起?

我知道这个题，王有道确实是会算的，但是很奇怪，马先生写完题目以后，他却一声不吭。后来下了课，我问他，他的回答是：“会算是会算，但听听马先生有什么别的讲法，不是更有益处吗？”

我听了他的这番话，不免有些惭愧，对于我已经懂得的东西，往往不喜欢再听先生讲，这着实是个缺点。

“这题的难点在哪里？”马先生问。

“两只针都是在钟面上转，分针转得快，时针转得慢。”我大胆地回答。

“不错！不过，你们只要仔细想一想，便没有什么困难的了啊！”

马先生这样回答，并且接着说：“无论是跑圆圈，还是跑直路，总是在一定的时间内，走过了一定的距离。而且，时钟的这两只针，好像受过严格训练一样，在相同的时间内，各自所走的距离总是一定的。”

在物理学上，这叫做等速运动。一切的运动法则都可用速度、时间和距离这三项的关系表示出来。在等速运动中，它们的关系是：距离=速度×时间。

现在根据这一点，将本题探究一番。

“李大成，你说分针转得快，时针转得慢，你是怎么知道的呢？”马先生向我提出这样的问题，惹得大家都哄堂笑了起来。当然，这是看见过时钟走动的人都知道的，当然不是什么问题。

不过马先生特地提出来，我倒不免有点发呆了。怎样回答好呢？最终我大胆地答道：“看出来的！”

“当然，不是摸出来的，而是看出来的了！不过我的意思，单说快慢，未免太笼统些，我要问你，这快慢，是怎样比较出来的？”

“分针1小时转60分钟的距离，时针只转5分钟的距离，分针不是比时针转得快吗？”

“这就对了！但是我们现在知道的是分针和时针在60分钟内所走的距离，那么它们的速度是怎样的呢？”马先生望着周学敏。

“用时间去除距离，就会得到速度。分针每分钟转1分钟的位置，时针每分钟只转$\frac{1}{12}$分钟的位置。”周学敏答道。

“现在，两只针的速度都已知道了，暂且放下。再来看题目的另一个条件，下午两点钟的时候，分针距时针多远？”

“10分钟的位置！”四五个人一同回答。

“那么，这题目和赵阿毛在赵小毛的前面10里，赵小毛从后面追他，赵小毛每小时走1里，赵阿毛每小时走$\frac{1}{12}$里，几时可以赶上？有什么区别？”

“一样！”真正是众口一词。

这样推究的结果，我们不但能够将图画出来，而且算法也非常明晰了：

$$10^{分} \div (1-\frac{1}{12}) = 10^{分} \div \frac{11}{12} = \frac{120}{11}^{分} = 10\frac{10}{11}^{分}$$

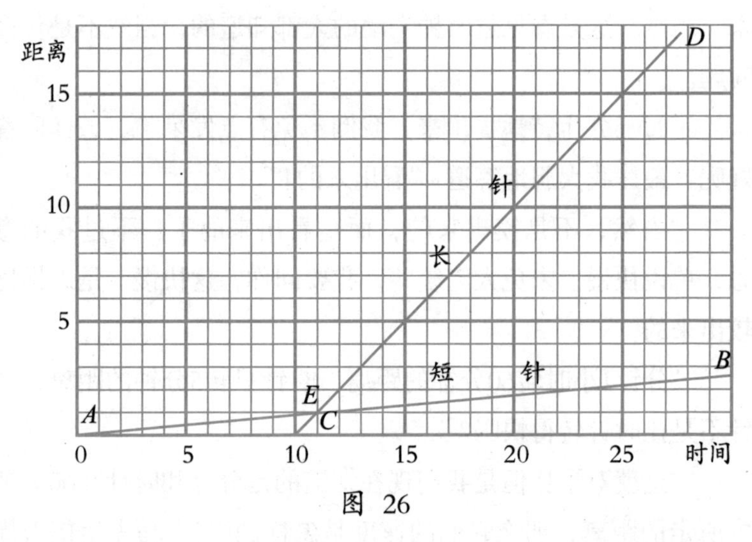

图 26

马先生说，这类题的变化并不多，要我们各自作一张图，表出：从0时起，到12时止，两只针各次重合的时间。自然，这只要将前图扩充一下就行了。在我将图画完，仔细玩赏一番后，觉得算学真是一门有趣味的科目。

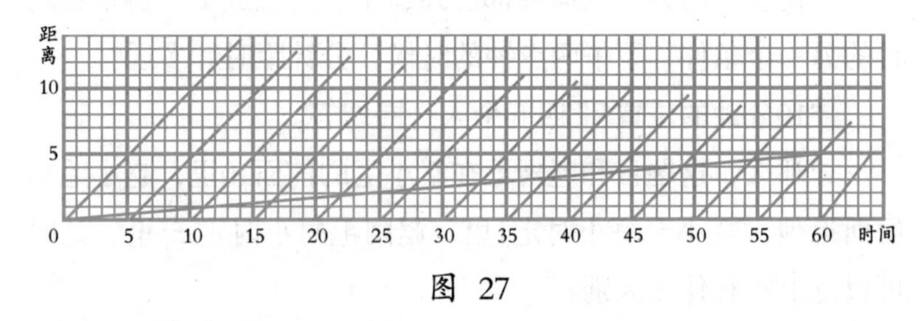

图 27

马先生提出的第二例是：时钟的两针在2时和3时之间，什么时候成一个直角？

马先生叫我们大家将这题和前一题比较，提出要点来，我们都只知道一个要点：那就是两针成一直角的时候，它们的距离是15分钟的位置。

后来经过马先生的各种提示，又得出第二个要点：在2时和3时之间，两针要成直角，分针得赶上时针同它相重，这是前一题，再超过它15分钟。

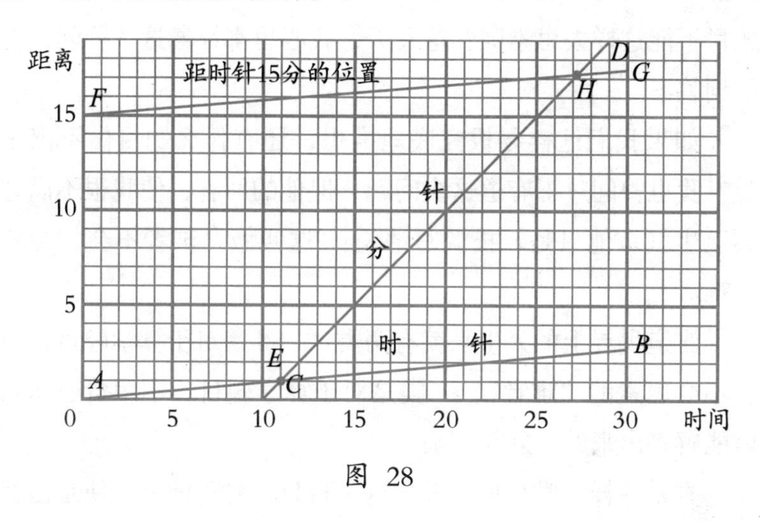

图 28

这样一来，我们都明白了。作图的方法，只是在例一的图上增加一条和AB平行的线FG，和CD交于H点，便指示出我们所要的答案了。

这理由也很清晰明了，FG和AB平行，AF相隔15分钟的位置，所以FG上的各点垂直画线下来和AB相交，则FG和AB间的各线段都是一样长，表示15分钟的位置，所以FG便表示距时针15分钟的位置的线。

至于算法，那更是容易明白了。分针先赶上时针10分钟，再超过15分钟，一共自然是分针需要比时针多走10＋15分钟，所以：

$$(10^{分}+15^{分})\div(1-\frac{1}{12})=25^{分}\div\frac{11}{12}=25^{分}\times\frac{12}{11}=\frac{300}{11}^{分}=27\frac{3}{11}^{分}$$

这便是答案。

这些，在马先生问我们的时候，我们都回答出来了。虽然是这样，但对于我，实在是一个谜。为什么我们平时遇到一个题目不能这样去思索呢？这几天，我心里都怀着这个疑问，得不到答案。

如果我们这样寻根究底地推想，还有什么题目做不出来呢？我也曾问过王有道这个问题，但他的回答，使我很不满意甚至生气。他只是轻描淡写地说："这叫做'难者不会，会者不难。'"

难道世界上的人生来就有两类：一类是对于算学题目，简直不会思索的"难者"；一类是对于算学题目，不用费心思索就能解答出来的"会者"吗？

真是这样，学校里设算学这一科目，对于前者，便是白费力气；对于后者，便是多此一举！这和马先生的议论也未免矛盾了！我怀着这样的疑问，有好几天了！

从前，我也是用性质相近、不相近来解释的，而我自己，当然自居于性质不相近之列。但马先生对于这种说法持否定态度，我虽不敢成为否定论者，至少也是怀疑论者了。怀疑！怀疑！怀疑只是过程！最后总应当有个不容怀疑的结论呀！这结论是什么？

我想马先生一定可以给我们一个确切的回答。我怀着这样的期望，屡次想将这个问题提出来，静候他的回答，但是都因为缺乏勇气，最终不敢提出。

今天，我终于忍不住了。题目的解答法，一经道破，真是“会者不难”，为什么别人会这样想，我们不能呢？

我斗胆地问马先生：“为什么别人会这样想，我们却不能呢？”

马先生笑容满面地说：“好！你这个问题很有意思！现在我来跑一次野马。”马先生跑野马！真是惹得大家哄堂大笑！

“你们知道小孩子走路吗？”这话问得太不着边际了，大家只好沉默不语。

他接着说：“小孩子不是一生下来就会走路的，他先是自己不能移动，随后再练习站起来走路。一般小孩2岁总会无所倚傍地直立步行了。”

“但是，你们要知道，直立步行是人类的一大特点。现在的小孩子能够走得这么早，一半是遗传的因素，而一半却是因为有一个学习的环境，一切他所见到的别人的动作，都是他模仿的样品。”

“一切文化的进展，正和小孩子学步一样。一种题目的解决，就是一个发明。发明这件事，说它难，它真难，一定要发明点什么，这是谁也没有把握能够做到的。”

“但是，说它不难，真也不难！有一定的学习能力和一定的环境，持续不断地努力，总不至于一无所成。”

“学算学，以及学别的功课都是一样，一方面先弄清楚别人已经发明的，并且注意他们研究的经过和方法。另一方面应用这种态度和方法去解决自己所遇到的新问题。”

“广泛地说，你们学了一些题目的解法，自然也就学会了解别的问题，这也是一种发明，不过这种发明是别人早就得出来的罢了。”

“总之，学别人的算法是一件事，学思索这种算法的方法，又是一件事，而后一种更加重要。”

对于马先生的议论，我还是持怀疑态度，总有些人比较会思索。但是，马先生却说，不可以忘记一切的发展都是历史的产物，都是许多人智慧的结晶。

他的意思是说“会想”并不是凭空会的，要我们去努力学习。这话，虽然我还不免怀疑，但努力学习总是应当的，我的疑问只好暂时放下了。

马先生发表完议论，就转到本题上：“现在你们自己去研究在各小时以后两针成直角的时间，你们要注意，有几小时内是可以有两次成直角的时间。”

课后，我们聚集在一起研究，便画成了图29。我们将一只表从正午12时再旋转到正午12时来观察，简直是不差分毫。我感到非常愉快，同时也觉得算学真是一门活生生的科目。

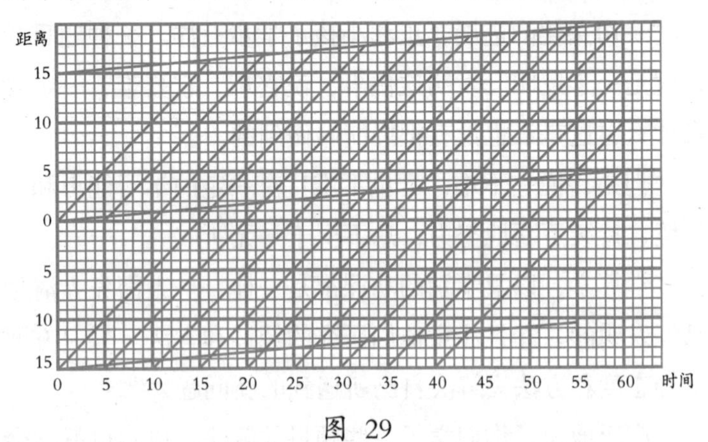

图 29

关于时钟两针的问题，一般的书上，还有“两针成一直线”的情形。马先生说，这再也没有什么难处，要我们自己去“发明”，其实参照前两个例题，真的一点也不难啊！

7 流水行舟

“这次，我们先来探究这种运动的事实。”马先生说。

“运动是力的作用，这是学过物理的人都应当知道的常识。在流水中行舟，这种运动受几个力的影响呢？”

“两个：一是水流；二是人力。”我们都可以想到。

“我们叫水流的速度是流速；人划船使船前进的速度，叫漕速。那么，在流水上行舟，这两种速度的关系是怎样的呢？”

“下行速度＝漕速＋流速，上行速度＝漕速－流速。”这是王有道的回答。

例一：水程60里，顺流划行5小时可到，逆流划行10小时可到，每小时水的流速和船的漕速是怎样的？

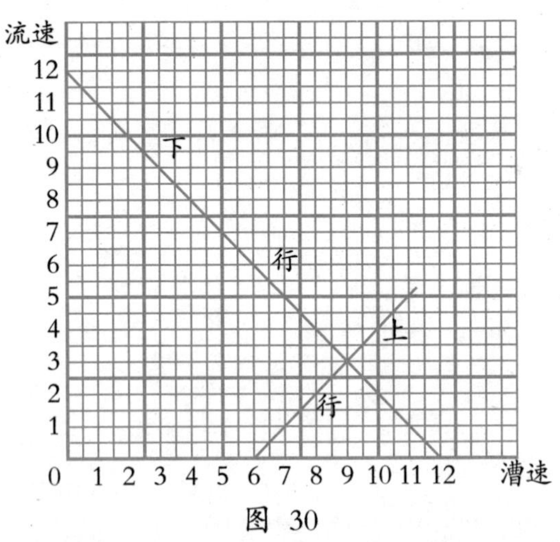

图 30

经过前面的探究，我们已知道，这简直和“和差问题”没什么两样。

水程60里，顺流划行5小时可到，所以下行的速度，就是漕速和流速的“和”，是每小时12里。

逆流划行10小时可到，所以上行的速度，就是漕速和流速的“差”，是每小时6里。

上面的图很容易就能画出，算法也很容易明白：

$(60^{里}\div 5+60^{里}\div 10)\div 2=(12^{里}+6^{里})\div 2=9^{里}$ 漕速

$(60^{里}\div 5-60^{里}\div 10)\div 2=(12^{里}-6^{里})\div 2=3^{里}$ 流速

例二：王老七的船，从宋庄下行到王镇，漕速每小时7里，水流每小时3里，6小时可到，回来需要几小时？

马先生写完了题问：“运动问题总是由速度、时间和距离三项中的两项求其他一项，本题所求的是哪一项？”

“时间！”又是一群小孩子似的回答。

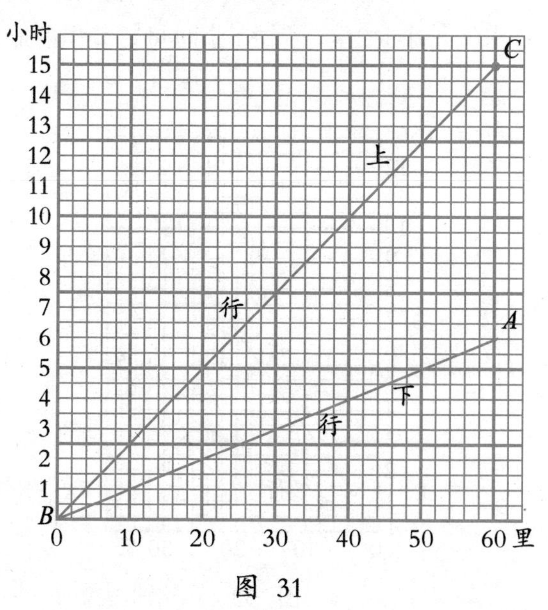

图 31

“那么，应当知道些什么呢？”

“速度和距离。”有三个人说。

“速度怎样？”

“漕速和流速的差，每小时4里。”周学敏说。

“距离呢？”

“下行的速度是漕速同流速的和，每小时10里，共行6小时，所以是60里。”王有道说。

“对的，如果是画图，只要参照一定倍数的关系，画AB线就行了。王老七要从B回到A，每小时走3里，他的行程也是一条表示一定倍数关系的直线BC。至于计算法，这一分析就容易了。”

马先生不曾说出计算法，也没有要我们各自做，我将它补充在这里：$(7^{里}+3^{里})\times 6\div(7^{里}-3^{里})=60^{里}\div 4^{里}=15$小时

例三：水流每小时2里，顺水5小时可行35里的船，回来需几小时？

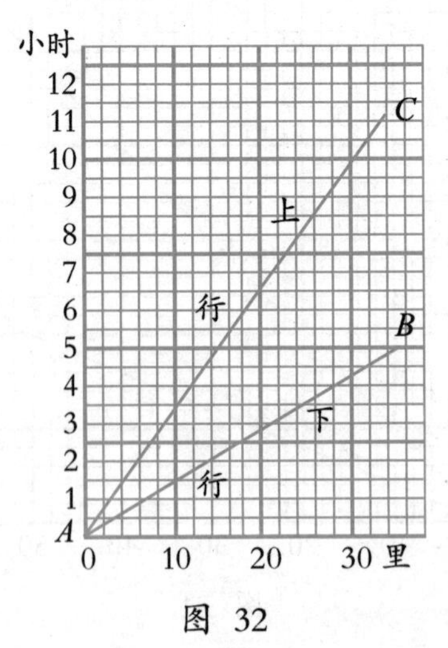

图 32

这题，在形式上好像比前一题曲折，但马先生叫我们抓住速度、时间和距离三项的关系去想，真是“会者不难”！

*AB*线表示船下行的速度、时间和距离的关系。漕速和流速的和是每小时7里，而流速是每小时2里，所以它们的差每小时3里，便是上行的速度。

依照一定倍数的关系作*AC*，这图就完成了。算法也很容易懂得：

$$35^{\text{里}}\div[(35^{\text{里}}\div5-2^{\text{里}})-2^{\text{里}}]=35^{\text{里}}\div3^{\text{里}}=11\frac{2}{3}\text{小时}$$

例四：上行每小时2里，下行每小时3里，这船往返于某某两地，上行比下行多需2小时，两地相距几里？

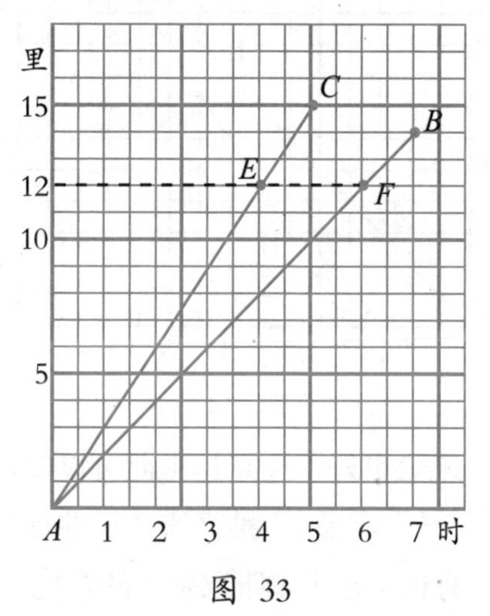

图 33

依照表示一定倍数关系的方法，我们画出表示上行和下行的行程线*AB*和*AC*。*EF*正好表示相差2小时，因而得所求的距离是12里，正与题相符。我们都很得意，但马先生却不满足，他说：“对是对的，但不好。”

“为什么对了还不好？”我们有点不服。

马先生说：“EF这条线，是先看好了距离凑巧画的，自然也是一种办法。不过，如果有别的更正确、可靠的方法，那岂不是更好吗？”

“……”大家默然。

“题目已说明相差2小时，那么表示下行的AC线，如果从2小时那点画起，则得交点E，岂不更清晰明了吗？”

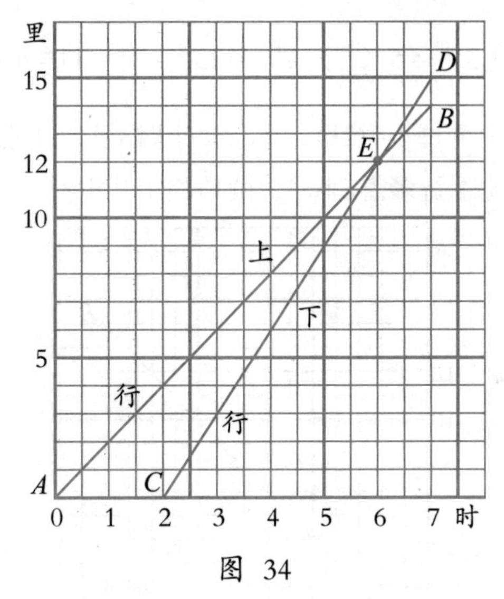

图 34

真的！这一来是更好了一点！由此可以知道，学习真不是容易。古人说：“开卷有益。”我感到“听讲有益”，就是自己已经知道了的，有机会也得多听取别人的意见。

8 年龄的关系

“你们会猜谜吗？”马先生出乎意料地提出这么一个问题，大概是因为问题来得太突然，大家都沉默不语了。

“据说从前有个人出了一个谜让人猜，那谜面是一个‘日’字，猜杜甫的一句诗，你们猜是什么句子？”说完，马先生便呆立着望向大家。

没有一个人回答。

“无边落木萧萧下。”马先生说，

“怎样解释呢？说来话长，中国在晋以后分成南北朝，南朝最初是宋，宋以后是萧道成所创的齐，齐以后是萧衍所创的梁，梁以后是陈霸先所创的‘陳’。”

“‘萧萧下’就是说，两朝姓萧的皇帝之后，当然是‘陳’。‘陳’字去了左边是‘東’字，‘東’字去了‘木’字便只剩‘日’字了。”

“这样一解释，这个谜语好像真不错，但是出谜的人可以‘妙手偶得之’，而猜的人却只好暗中摸索了。”

这虽然是一个有趣的故事，但是我，也许不只我，始终不明白马先生在讲算学时突然提到它，有什么用意，只能静静地等待他的讲解了。

“你们觉得我提出这个故事有点不伦不类吗？其实，一般教科书上的习题，特别是四则应用问题一类，如果没有例题，没有人讲解、指导，对于学习的人，也正和谜面一样，需要你自己去摸索。”

“摸索本来不是正当办法，处理一个问题，必须要有一定步骤。第一，要理解问题中所包含而没有提出的事实或算理的条件。”

“比如这次要讲的年龄的关系的题目，大体可分两种，即每题中或是说到两个以上的人的年龄，要求它们的或从属关系成立的时间，或是说到他们的年龄或从属关系而求得他们的年龄。”

“但这类题目包含着两个事实以上的条件，题目上总归不会提到的：其一，两人年龄的差是从他们出生起就一定不变的；其二，每多一年或少一年，两人便各长1岁或小1岁。不懂得这个事实，这类的题目便难于摸索了。”

“这正如上面所说的谜语，别人难于解答的原因，就在不曾把两个‘萧’，看成萧道成和萧衍。话虽如此，毕竟算学不是猜谜，只要留意题目没有明确提出的，而事实上存在的条件，就不至于暗中摸索了。”

例一：当前，父亲年龄35岁，儿子年龄9岁，问几年后父亲年龄是儿子年龄的3倍？

写好题目，马先生先把表示父子年龄的两条线画出来。在图上，横轴表示年龄，纵轴表示年数。

父亲现在35岁，以后每过1年增加1岁，用*AB*线表示。儿子现在9岁，以后也是每过1年增加1岁，用*CD*线表示。

“过5年，父亲年龄是多少？儿子几岁？”

“父亲40岁，儿子14岁。”这是谁都能回答上来的。

“过11年呢？”

“父亲46岁，儿子20岁。”还是谁都能回答上来的。

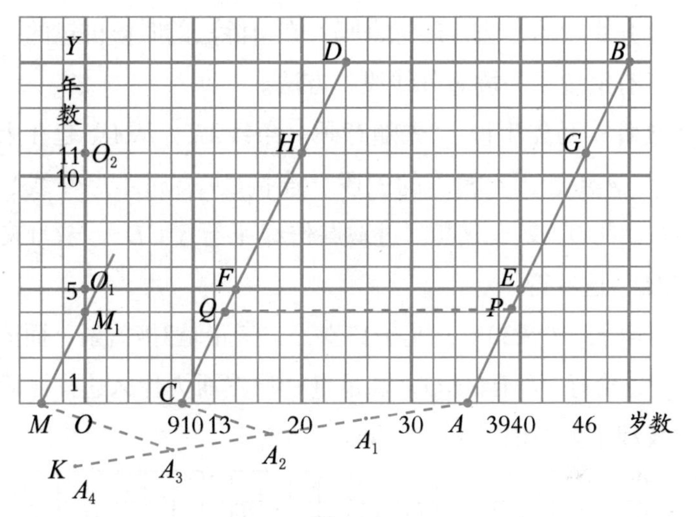

图 35

“怎样看出来的呢？”马先生问。

“从OY线上记有5的那点O_1横看到AB线得E点，再往下看，就得40，这是5年后父亲的年龄。又看到CD线得F点，再往下看得14，就是5年后儿子的年龄。”我回答。

“从OY线上记有11的那点O_2横看到AB线得G点，再往下看，就得46，这是11年后父亲的年龄。又看到CD线得H点，再往下看得20，就是11年后儿子的年龄。”周学敏抢着，而且故意学着我的语调回答。

“对了！”马先生高叫一句，突然愣住。

“O_1E是O_1F的3倍吗？”马先生问后，大家摇摇头。

“O_2G是O_2H的3倍吗？”仍是一阵摇头，不知为什么今天只有周学敏这般高兴，扯长了声音回答：“不——是——”

“现在就是要找在OY上的哪一点到AB的距离是到CD的距离的3倍了。当然我们还是应当用画图的方法，不可硬用眼睛看。等分线段的方法，还记得吗？在讲除法的时候讲过的。”

王有道说了一段等分线段的方法。

接着，马先生说：“先随意画一条线AK，从A点起在上面取AA_1，A_1A_2，A_2A_3相等的三段。连接CA_2，过A_3点作线平行于CA_2，与OA交于M点。过M点作线平行于CD，与OY交于M_1,OM_1，这就得了。”

4年后，父亲39岁，儿子13岁，二者正是3倍关系，而图上的M_1P也恰好3倍于$4M_1Q$，真是奇妙！然而为什么这样画就行了，我却不太明白。

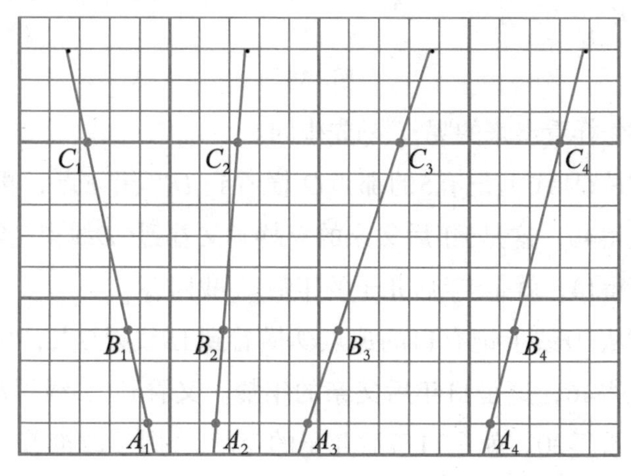

图 36

马先生好像知道我的心事一般，接着说：“现在，我们应当考求这个画法的来源。”

他随手在黑板上画出上图，要我们看了回答B_1C_1，B_2C_2，B_3C_3，B_4C_4，各对于A_1B_1，A_2B_2，A_3B_3，A_4B_4的倍数是否相等。当然，谁都可以看得出来这倍数都是2。

大家回答完以后，马先生说：“这就是说，一条线被平行线分成若干段，无论这条线怎样画，这些段数的倍数关系都是相同的。所以M_1P对于M_1Q，MA对于MC，也就和AA_3对于A_2A_3的倍数关系是一样的。”这我就明白了。

“假如，题上问的是6倍，怎么画？”马先生问。

“在AK上取相等的6段，各点依次为A_1，A_2，A_3，A_4，A_5，连结CA_5，过A_6点作线平行于CA_5，与AO相交于M点。”王有道说。

现在我也明白了，无论OY到AB的距离是OY到CD的距离的多少倍，OY到CD的距离总是MC的1倍，因而总是将AK上的倒数第二点和C相连，而过末一点作线和它平行。

至于这题的算法，马先生叫我们据图加以探究，我们看出CA是父子年龄的差，和QP，FE，HG全一样。而当M_1P是M_1Q的3倍时，MA也是MC的3倍，并且在这地方M_1Q，MC都是所求的若干年后的子年。因此得下面的算法：

(35 - 9) ÷ (3 - 1) - 9 = 4

OA OC AA_3 A_2A_3 OC MO（CM_1）

(父年-子年)÷(倍数-1)-子年=年数(所求)

讨论完毕以后，马先生一句话不说，将图37画了出来，指定周学敏去解释。

我倒有点幸灾乐祸的心情，因为他学过我的缘故，但事后一想，这实在无聊。他的算学虽不及王有道，这次却讲得很有条理，而且真是简单、明白。下面的一段，就是周学敏讲的，我一字没改，记在这里以表忏悔！

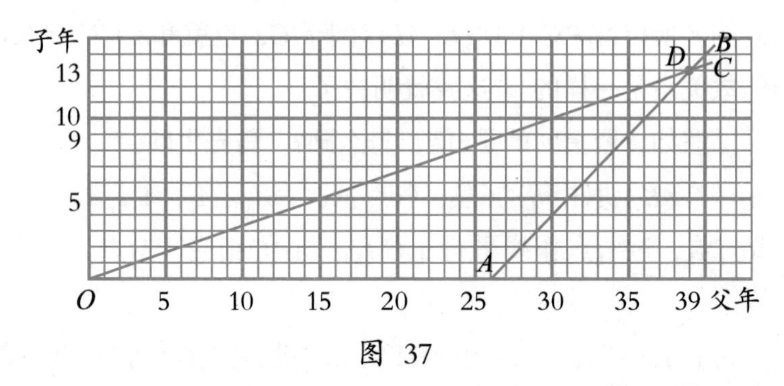

图 37

“父亲35岁，儿子9岁，他们相差26岁，就是这个人26岁时生这个儿子，所以他26岁时，他的儿子是0岁。以后，每过一年，他大1岁，他的儿子也大1岁。依差一定的表示法，得*AB*线。

题目要求父亲年龄3倍于儿子年龄的时间，依照倍数一定的表示法得*OC*线，两线相交于*D*点。依交叉原理，*D*点所示的，便是合于题目的条件时，父子各人的年龄：父亲39，儿子13。从35到39和从9到13都是4，就是4年后父亲的年龄正好是儿子年龄的3倍。”

对于周学敏的解说，马先生也非常满意，他评价了一句：“不错！”然后写出例二。

例二：当前，父亲36岁，儿子18岁，几年后父亲年龄是儿子年龄的3倍？

这题看上去自然和例一完全相同。马先生让我们各自依样画葫芦，但一动手，便碰了钉子，过*M*所画的和*CD*平行的线与*OY*却交在下面9的地方。这是怎么一回事呢？

马先生始终让我们自己去做，一声不吭。后来我从这9的地方横看到AB，再竖看上去，得父亲年龄27岁；而看到CD，再竖看上去，得到儿子年龄9岁，正好是3倍。到此我才领悟过来，这在下面的9，表示的是9年以前。

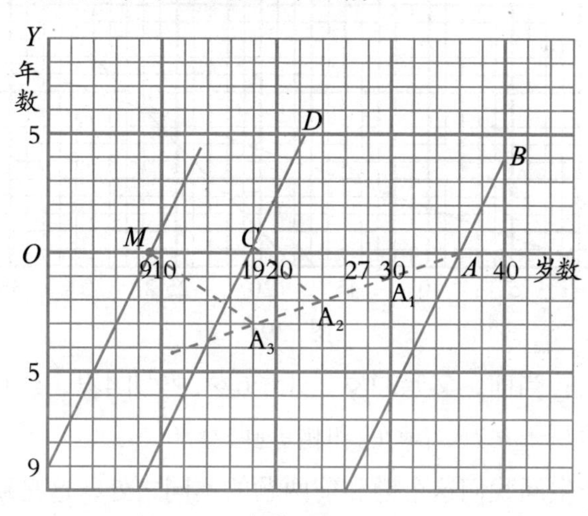

图 38

而这个例题完全是马先生有意弄出来的。这么一来，我还知道几年前或几年后，算法全是一样，只是减的时候，被减数和减数不同罢了。本题的计算应当是：

$$18 - (36 - 18) \div (3 - 1) = 9$$

18	36	18	3	1	9
OC	OA	OC	AA_3	A_2A_3	OM

子年-(父年-子年)÷(倍数-1)=年数(已过去)

我试用别的解法做，得图39，AB和OC的交点D，表明父亲27岁时，儿子9岁，正是3倍，而从36回到27恰好9年，所以本题的解答是9年以前。

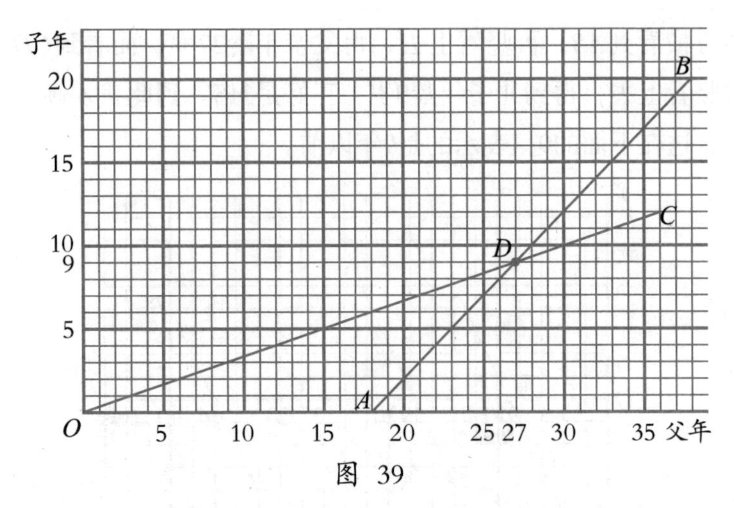

图 39

例三：当前，父亲32岁，儿子6岁，女儿4岁，几年后，父亲的年龄与子女2人年龄的和相等呢?

马先生问我们这个题和前两题的不同之处，这是略一思索就知道的，父亲的年龄每过1年只增加1岁，而子女年龄的和每过1年却增加2岁。所以从现在起，父亲的年龄用*AB*线表示，而子女2人年龄的和用*CD*表示。

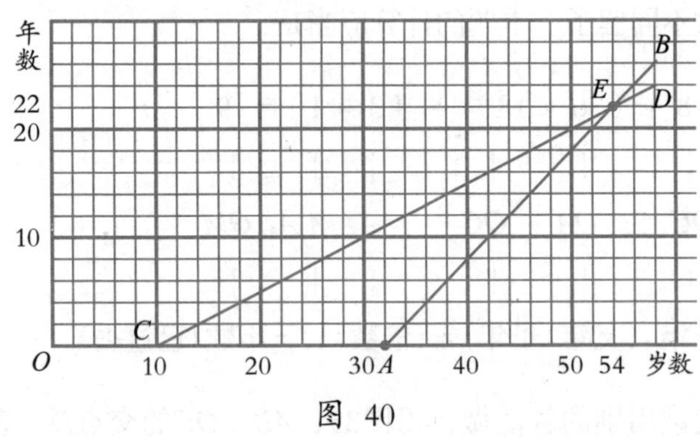

图 40

*AB*和*CD*的交点*E*，竖看是54，横看是22。从现在起，22年后，父亲54岁，儿子28岁，女儿26岁，相加也是54岁。

至于本题的算法，图上显示得很清楚。*CA*表示当前父亲年龄同子女2人年龄“和的差”的差，往后看去，每过1年这差减少1岁，少到了零，便是所求的时间，所以：

$$[32-(6+4)]\div(2-1)=22$$

OA　　*OC*

［父年-(子年+女年)］÷(子女数-1)=所求的年数

这题有没有别的解法，马先生不曾说，我也没有想过，而是王有道将它补充出来的：

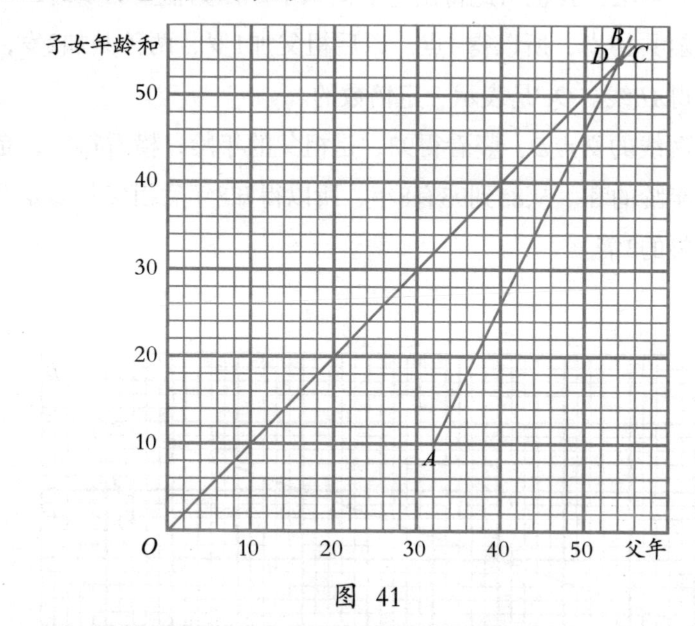

图 41

*AB*线表示现在父亲的年龄同子女俩的年龄，以后父亲的年龄逐年增加1岁，而子女年龄的和增加2岁，*OC*表示两面相

等，即1倍的关系。这都容易想出。

只有AB线的A点不在最末一条横线上，这是王有道的巧思，我只好佩服了。据王有道说，他第一次也把A点画在32的地方，结果不符。仔细一想，才知道错得十分可笑。

原来那样画，是表示父亲32岁时，子女俩年龄的和是0。由此他想到子女俩年龄的和是10，就想到A点应当在第五条横线上。虽然如此，我依然佩服！

例四：当前，祖父85岁，长孙12岁，次孙3岁，几年后祖父的年龄是两个孙子年龄和的3倍？

这例题是马先生留给我们做的，参照了王有道的补充前面一题的解法，我也由此得出它的图来了。因为祖父85岁时，两孙年龄共15岁，所以得A点。以后祖父加1岁，两孙共加2岁，所以得AB线。OC是表示一定倍数的。

两线的交点D，竖看得93，是祖父的年龄；横看得31，是两孙年龄的和。从85到93有8年，所以得知8年后祖父年龄是两孙年龄的3倍。

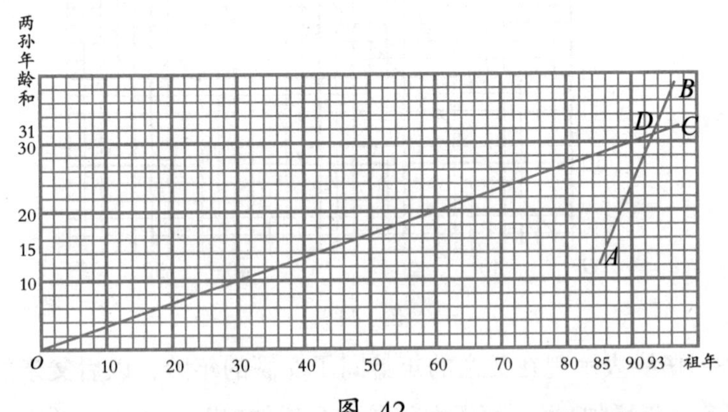

图 42

本题的算法，是我曾经从一本算学教科书上见到的：

$$[85-(12+3)\times 3]\div[2\times 3-1]=(85-45)\div 5=8$$

它的解释是这样：

> 就当前说，两孙年龄共（12＋3）岁，3倍是（12＋3）×3，比祖父的年龄还少［85－（12＋3）×3］，这差出来的岁数，就需由两孙每年比祖父多加的岁数来填足。
>
> 两孙每年共加2岁，就3倍计算，共增加2×3岁，减去祖父增加的1岁，就是每年多加（2×3－1）岁，由此便得上面的计算法。

这种算法能否从图上得出来，以及本题按照前几例的第一种方法是否可解，我们没有去想，也不好意思去问马先生，因为这好像应当用点心自己回答，只得留待将来了。

9 多多少少

“今天有诗一首。”马先生见面就说，随即念了出来：

例一：

隔墙听得客分银，不知人数不知银。

七两分之多四两，九两分之少半斤。[①]

“纵线用2小段表示1个人，横线用1小段表示2两银子，这样一来‘七两分之多四两’怎样画？”

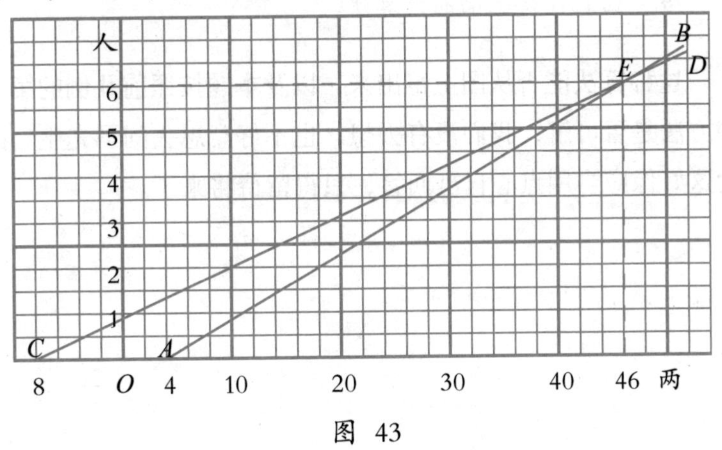

图 43

“先除去4两，便是‘一定倍数’的关系，所以从4两的一点起，照‘纵一横七’画*AB*线。”王有道说。

“那么，九两分之少半斤呢？”

① 斤、两为传统计量单位，旧制半斤等于8两。

“少”字说得特别响，这给了我一个暗示，“多四两”在O点的右边取4两；“少半斤”就得在O点的左边取8两了，我于是回答：“从O点的左边8两那点起，依‘纵一横九’，画CD线。”

AB和CD相交于E点，从E点横看得6人，竖看得46两银子，正合题目。

由图上可以看出，CD表示多的和少的两数的和，正是（4＋8），而每多一人所差的是2两，即（9－7），因此得算法：（4＋8）÷（9－7）＝6是人数

7×6＋4＝46是银两数

例二：儿童若干人，分铅笔若干支，每人取4支，剩3支；每人取7支，差6支，平均每人可得几支？

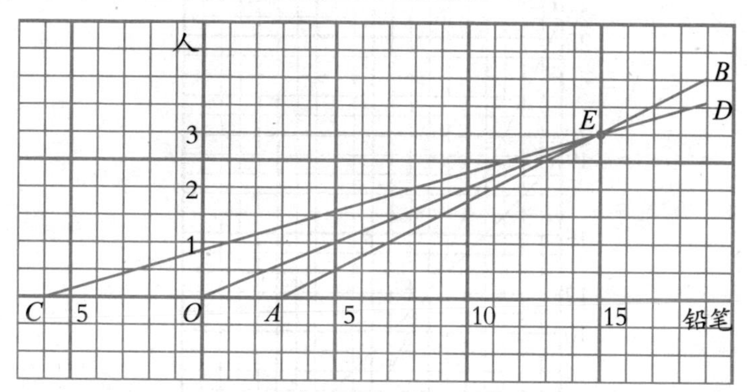

图 44

马先生要求大家先将求儿童人数和铅笔支数的图画出来，这只是依样画葫芦，自然手到即成。大家画好以后，他说：“将O点和交点E连起来，由这条线上看去，一个儿童得多少支铅笔？”

啊！多么容易呀！3个儿童，15支铅笔。每人4支，自然剩3支；每人7支，相差6支，而平均正好每人5支。

10 鸟兽同笼问题

我一听到马先生说“这次来讲鸟兽同笼的问题”，我便知道是鸡兔同笼这一类了。

例一：鸡、兔同笼，一共有19个头，52只脚，求鸡、兔各有几只？

不用说，这题目包含一个事实条件，鸡有2只脚，而兔有4只脚。

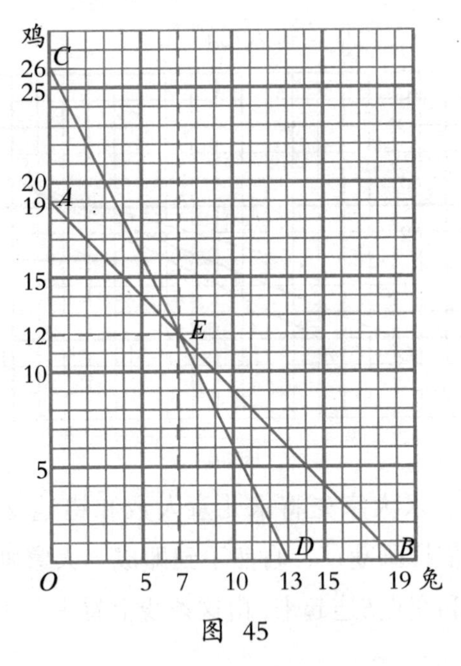

图 45

“依头数说，这是‘和一定’的关系。”马先生一边说，一边画AB线。

"但是如果就脚来说，2只鸡的才等于1只兔的，这又是'倍数一定'的关系。假设全是兔，兔应当有13只；假设全是鸡，就应当有26只。由此得*CD*线，两线交于*E*点。竖看得7只兔，横看得12只鸡，这就对了。"

7只兔，28只脚，12只鸡，24只脚，一共正好52只脚。

马先生说："这个想法和通常的算法正好相反，平常都是假设头数全是兔或鸡，是这样算的：

$(4\times19-52)\div(4-2)=12$ 是鸡的数量；$(52-2\times19)\div(4-2)=7$ 是兔的数量

"这里却假设脚数全是兔或鸡而得*CD*线，但试从下表一看，便没有什么想不通了。图中*E*点所表示的一对数，正是两表中所共有的。"

"就拿头来说，总数是19，*AB*线上的各点所表示的：

鸡	兔
0	19
1	18
2	17
3	16
4	15
5	14
6	13
7	12
8	11
9	10
10	9
11	8
12	7
13	6
14	5
15	4
16	3
17	2
18	1
19	0

拿脚来说，总数是52，CD线上各点所表示的：

鸡	兔
0	13
2	12
4	11
6	10
8	9
10	8
12	7
14	6
16	5
18	4
20	3
22	2
24	1
26	0

按照一般的算法，自然不能由这个图上推想出来，但有一种老算法，却从这图上看得清清楚楚，那算法是这样的：将脚数折半，OC所表示的，减去头数，OA所表示的，便得兔的数目，即AC所表示的。"

这类题，马先生说还可以归到混合比例去算，以后拿这两种算法来比较，更有趣味，所以不多讲。

例二：鸡、兔共 21 只，脚的总数相等，求各有几只？

依照前例用AB线表示"和一定"总头数21的关系。因为鸡和兔脚的总数相等，鸡的只数是兔的只数的2倍了。依"倍数一定"的表示法作OC线。由OC和AB的交点D得知兔是7只，鸡是14只。

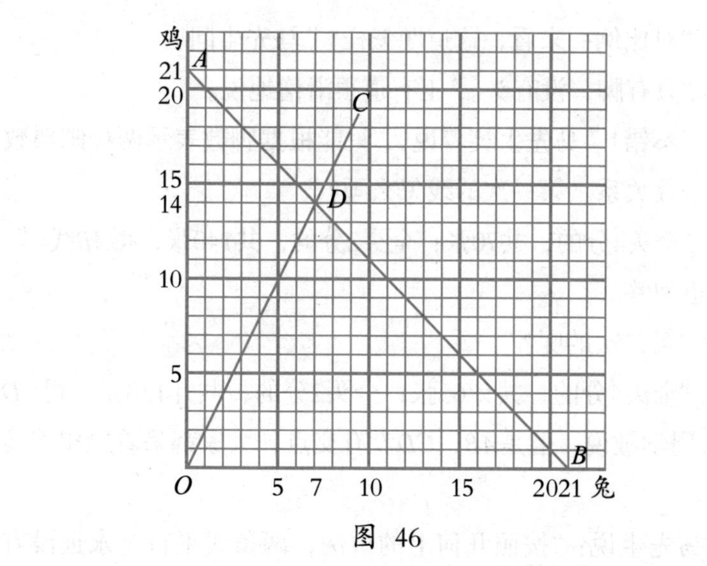

图 46

例三：小三子替别人买邮票，要买4分和2分的各若干张，但是他将数目说反了，他给2.8元找回了0.2元，原来要买的数目是多少呢？

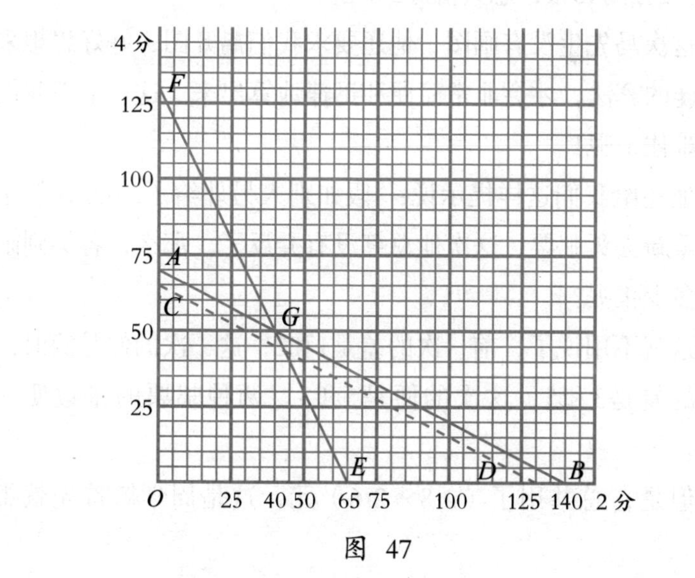

图 47

“对比例一来看，这道题怎样？”马先生问。

“只有脚，没有头。”王有道很滑稽地说。

“不错！”马先生笑着说，“只能根据脚数表示两种邮票数量的倍数关系。第一次的线怎么画？”

“全买4分的，共70张；全买2分的，共140张，得*AB*线。”王有道回答。

“第二次的呢？”

“全买4分的，共计65张；全买2分的，共计130张，得*CD*线。”周学敏说。但是*AB*，*CD*没有交点，大家都呆着脸望着马先生。

马先生说：“按照几何上的讲法，两条线平行是永远没有交点的。小三子把别人的数弄反了，你们却把小三子的数弄倒了头了。”他将*CD*线画成*EF*，得交点*G*。横看，4分的50张，竖看，2分的40张，总共恰好2.8元。

这次马先生没有画图，他还要求我们离开图，好好想想采取怎样的算法，才会非常简便和迅速地算出来。这一下把我们好像难住了呢！

他还给我们这样提示说：“假如别人另外给了2.6元，要小三子重新去买邮票，这次他总算没有弄反了。那么，各买到邮票是多少张呢？”

这就不用说了，前一次的差是1和2，这一次的便是2和1；前次的差是3和5，这次的便是5和3。两种邮票的张数便一样了。

但是，总共用了（2.8＋2.6）元，这是周学敏首先就想到的。

每种一张共值（4 +2）分，我提出了这个意见。所以，算法就十分明白了。

$(2.8+2.6)\div(4+2)=90$是总张数

$(4\times90-280)\div(4-2)=40$是2分的张数

$90-40=50$是4分的张数

11 分工合作

关于计算工作的题目，我总觉得它很神秘。今天马先生一写出这个标题，我就特别兴奋。

马先生说："我们先讲原理吧！工作，只是劳力、时间和效果三项的关联。费了多少力气，经过多少时间，得到什么效果，所谓工作的问题，不过如此。"

"想明白了，它和运动的问题毫无两样，速度就是所费力气的表现，时间的意思是一样的，而所走的距离，正是所得到的效果。"

真奇怪！一经说明，我也觉得运动和工作是同一件事情了，然而平时为什么想不到呢？

马先生继续说道："在等速运动中，基本的关系是：距离＝速度×时间。而在均一的工作中，所谓均一的工作，就是经过相同的时间，所做的工相等。基本的关系，便是：工作总量＝工作效率×工作时间。"

例一：甲4天可以独自完成的事情，乙需要10天才能完成。如果两人合做，一天可以完成多少？几天可以做完呢？

不用说，这题的作图和关于行路的作图，实质上没有区别。我们所犹豫的，就是行路的问题中，距离有数值表示出来，这里却没有，应当怎样处理呢？

但这困难马上就解决了，马先生说："全部工作就算1，无论用多长表示都可以。不过为了易于观察，不妨用一小段作

1，而以甲、乙二人做工的日数4和10的最小公倍数20作为全部工作。试用纵线表示工作，横线表示日数，两小段1日，甲、乙各自的工作线怎么画？”

到了这一步，我们没有一个人不会画了。*OA*是甲的工作线，*OB*是乙的工作线。大家画好后争着给马先生看，其实他已知道我们都会画了，眼睛并不曾看到每个人的画上，尽管口里说“对的，对的”。

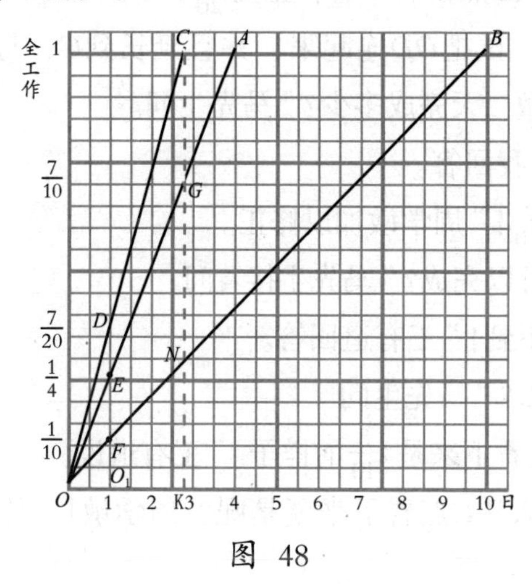

图 48

大家回到座位上后，马先生便问：“那么，甲、乙每人一天做多少工作？”

图上表示得很清楚，O_1E是$\frac{1}{4}$，O_1F是$\frac{1}{10}$。

“甲一天做$\frac{1}{4}$，乙一天做$\frac{1}{10}$！”差不多是全体同声回答。

“现在就回到题目上来，两人合做一天，完成多少？”马先生问。

“$\frac{7}{20}$！”王有道回答。

“怎么知道的？”马先生望着他。

“$\frac{1}{4}$加上$\frac{1}{10}$，就是$\frac{7}{20}$！”王有道说。

“这是算出来的，不行！”马先生说。

这可把我们难住了。马先生笑着说：“人的事，往往如此，越容易的，常常使人发呆，感到不知所措。O_1E是甲一天完成的，O_1F是乙一天完成的，把O_1F接在O_1E上，得D点，O_1D不就是两人合做一日所完成的吗？”

不错，从D点横着一看，正是$\frac{7}{20}$。

“那么，试把OD连起来，并且延长到C，与OA，OB相齐。两人合做二天完成多少？”马先生问。

“$\frac{14}{20}$！”我回答。

“就是$\frac{7}{10}$！”周学敏加以修正。

“几天可以完成？”马先生接着问。

“三天不到！”王有道回答。

“为什么？”马先生问。

“从C点看下来是$2\frac{8}{10}$的样子。”王有道说。

“为什么从C点看下来就是呢？周学敏！”马先生指定他回答。

我倒有点替他着急，然而出乎意料，他立刻回答道：“均一的工作，每天完成的工作量是一样的，所以若干天完成的工作量和一天完成的工作量，是‘一定倍数’的关系。OC线正表示这种关系，C点又在表示全工作的横线上，所以OK便是所求的日数。”

“不错！讲得很透彻！”马先生非常满意。

周学敏进步得真快！下课后，因为钦敬他的进步，我便找他一起去散步。边散步边谈，没说几句就谈到算学上去了。

他说感觉我这几天像个是“算学迷”，这样下去会成“算学疯子”的。不知道他是不是在和我开玩笑，不过这十几天，对于算学我深感舍弃不下，却是真情。

我问他为什么进步这么快，他却不承认有什么大的进步，我便说：“有好几次，你回答马先生的问话，都完全正确，马先生不是也很满意吗？”

“这不过是听了几次课以后，我就找出马先生的法门来了。说来说去，不外乎三种关系：一是和一定；二是差一定；三是倍数一定。所以我就只从这三点上去想。”周学敏这样回答。

对于这个回答，我非常高兴，但不免有点惭愧，为什么同样听马先生讲课，我却不会捉住这法门呢？而且我也有点怀疑：“这法门一定灵吗？”

我便这样问他，他想了想说：“这我不敢说。不过，过去都灵就是了，抽空我们去问问马先生。”

我真是对算学着迷了，立刻就拉着他一同去。走到马先生的房里，他正躺在藤榻上冥想，手里拿着一把蒲扇，不停地摇，一见我们便笑着问道：“有什么难题了！是不是？”

我看了周学敏一眼，周学敏说：“听了先生这十几节课，觉得说来说去，总是‘和一定’‘差一定’‘倍数一定’，是不是所有的问题都逃不出这三种关系呢？”

马先生想了想：“就问题的变化上说，自然是如此。”

这话我们不是很明白，他似乎看出来了，接着说：“比如说，两人年龄的差一定，这是从他们一生下来就可以看出来的。又比如，走的路程和速度是倍数一定的关系，这也是从时间的连续中看出来的。所以说就问题的变化上说，逃不出这三种关系。”

“为什么逃不出？”我大胆地提出疑问，心里有些忐忑。

“不是为什么逃不出，是我们不许它逃出。因为我们对于数量的处理，在算学中，只有加、减、乘、除四种方法。加法产生和，减法产生差，乘、除法产生倍数。”

我们这才明白了。后来又听马先生谈了其他问题，我们就出来了。这段话是理解算学的基础，因此我补充在这里。现在回到本题的算法上去，这是没有经马先生讲解，我们都知道了的。

$$1 \div \left(\frac{1}{4} + \frac{1}{10}\right) = 2\frac{6}{7}$$

全工作　甲一日工作　乙一日工作　时间

马先生提示一个别的解法，更是妙：“把工作当成行路一般看待，那么，这问题便可看成甲从一端出发，乙从另一端出发，两人几时相遇一样。”

当然一样呀！我们不是可以把全部工作看成一长条，而甲、乙各从一端相向进行工作，如卷布一样吗？

这一来，图解法和算法更是容易思索了。图中OA是甲的工作线，CD是乙的工作线，OA和CD交于E点。从E点看下来仍是$2\frac{8}{10}$多一点。

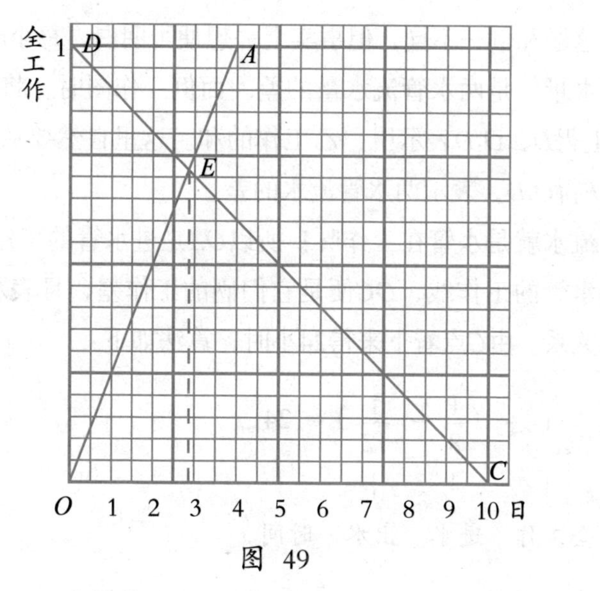

图 49

例二：一水槽装有进水管和出水管各1支，进水管8小时可以流满，出水管12小时可以流尽，如果2管同时打开，几小时可以流满水呢？

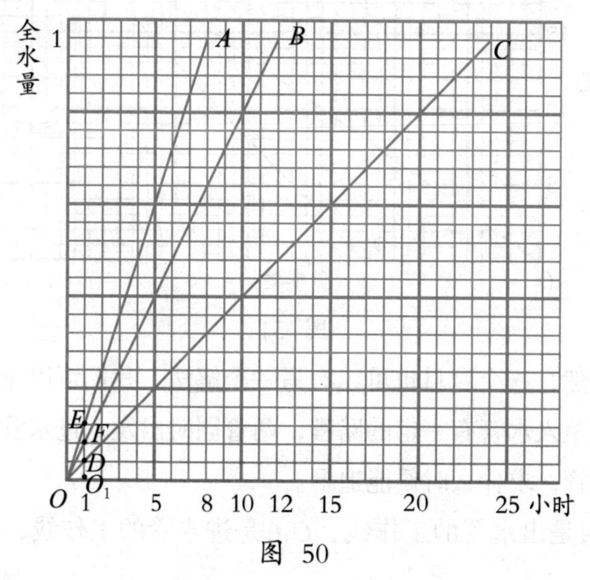

图 50

这题和例一不同，但事实上一想便可明白，每小时槽里储蓄的水量，是两水管流水量的差。而例一作图时，将O_1F接在O_1E上得D，O_1D表示甲、乙工作的和。这里自然要从O_1E中截下O_1F得O_1D，表示两水管流水的差。

流水就是水管在工作呀！所以OA是进水管的工作线，OB是出水管的工作线，OC便是它们俩的工作差，且表示一定倍数的关系。由C点看下来得24小时，算法如下：

$$1 \div \left(\frac{1}{8} - \frac{1}{12}\right) = 24$$

全工作　进水　出水　时间

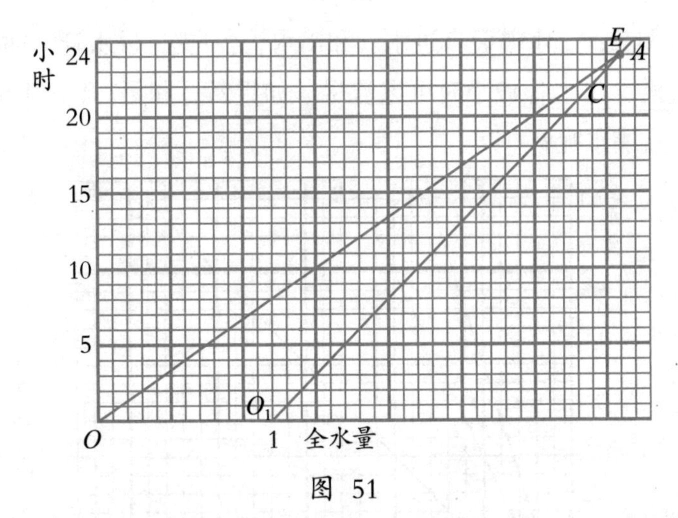

图 51

当然，这个题目也可以有另一个解法。我们可以想象为：出水管距入水管有一定的路程，两管同时出发，进水管从后面追出水管，求什么时候能追上。

OA是出水管的工作线，O_1C是进水管的工作线，它们相交于E点，横看过去正是24小时。

例三：甲、乙2人合做15日完工，甲1人做20日完工，求乙1人做几日完工？

“这只是由例一推衍出来的，你们应当会做了。”结果马先生指定我画图和解释。

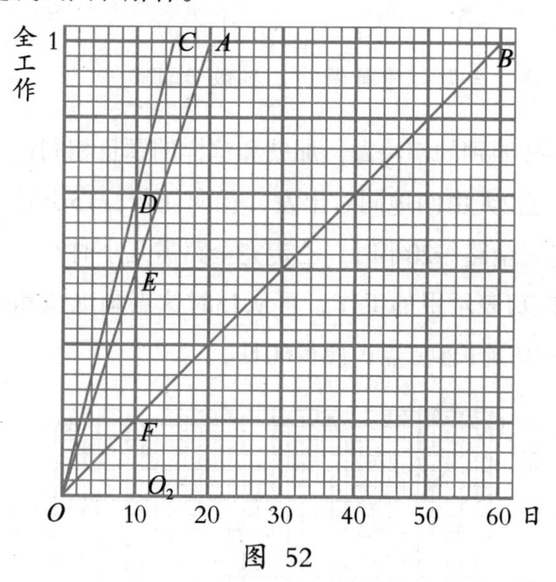

图 52

不过是例一的图中先有了OA，OC两条线而求画OB线，照前例，所取的ED应在1日的纵线上且应等于O_1F。依ED取10F便可得F点，连OF延长便得OB。在我画图的时候，本是照这样在1日的纵线上取O_1F的。

但马先生说，那里太窄了，容易画错，因为OA和OC间的纵线距离和同一纵线上OB到横线的距离总是相等的，所以不妨在其他地方取F。就图看去，在10这点O_2，向上到OA，OC，相隔正好是5小段。

我就从O_2点向上5小段取F点，连接OF延长到与CA相齐，竖看下来是60。乙要做60日才能做完。对于这么大的答数，我有点放心不下，好在马先生没有说什么，我就认为对了。后来计算的结果，确实是要60日才做完。

$$1 \div \left(\frac{1}{15} - \frac{1}{20}\right) = 60$$

全工作　合做　甲独做　乙独做日数

本题按照别的解法做，那就和这样的题目相同：

甲、乙2人由两地同时出发，相向而行，15小时在途中相遇，甲走完全路需20小时，乙走完全路需几小时？

先作OA表示甲的工作，再从15时这点画纵线和OA交于E点，连接DE延长到C点，便得60日。

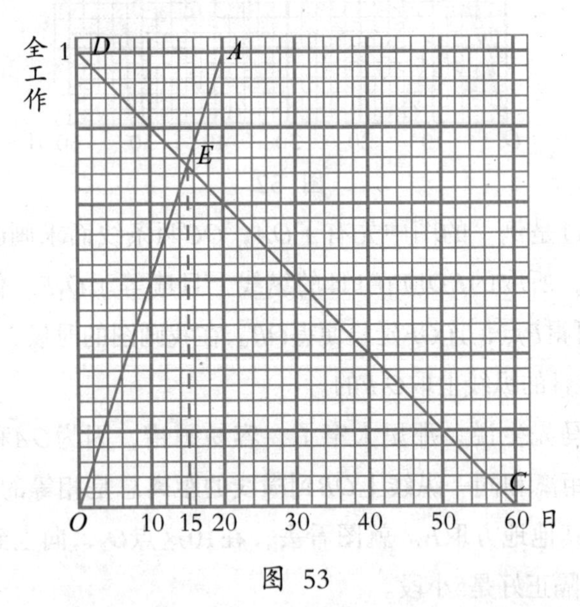

图 53

例四：甲、乙2人合做一项工程，5日完成$\frac{1}{3}$，其余由乙单独做，16日完成，问甲、乙单独做全工各需几日？

“这题难不难？”写完题，马先生这样问。

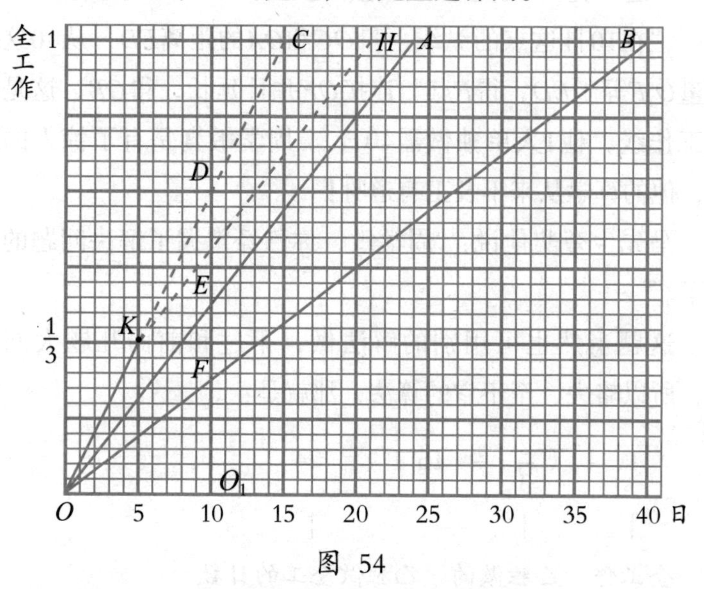

图 54

“难者不会，会者不难。”周学敏很顽皮地回答。

“你是难者，还是会者？”马先生跟着问周学敏。

“2人合做，5日完成$\frac{1}{3}$，5日和工作$\frac{1}{3}$的两条线交于K点，连接OK延长得OC，这是2人合做的工作线，所以2人合做共需15日。”周学敏说。

“最后一句是不必要的。”马先生加以纠正。

“从5日后16日，一共是21日，21日这点的纵线和全工作这点的横线交于H点，连接KH便是乙接着单独做16日的工作线。”

“对的！”马先生赞赏地说。

“过O点作OA和KH平行，这是乙1人单独做全工作的工作线，他24日做完。”周学敏说完停住了。

“还有呢？”马先生催促他。

“在10日这点的纵线上量OC和OA的距离ED，从10这点起量O_1F等于ED，得F点。连接OF并且延长，得OB，这是甲的工作线，他1人单独做需40日。”周学敏真是有了惊人的进步，他的算学从来不及王有道呀！

马先生夸奖他说：“周学敏，你已经掌握了解决问题的关键了。”

这题当然也可用别的解法做，不过和前面几题大同小异，所以略去，至于它的算法，那就是：

$$1 \div \left(\frac{2}{3} \div 16\right) = 24$$

全工作　乙独做的　乙独做全工的日数

$$1 \div \left(\frac{1}{5\times 3} - \frac{1}{24}\right) = 40$$

全工作　合做　乙做　甲独做全工的日数

例五：甲、乙、丙3人合做一项工程，8日做完一半。由甲、乙2人继续，又是8日完成剩余的$\frac{3}{5}$。再由甲1人单独做，12日完成。甲、乙、丙单独做全工，各需几日？

马先生写完题，王有道随口说：“越来越复杂了。”

马先生听了含笑说：“应当说越来越简单呀！”

大家都不说话，题目明明复杂起来了，马先生却说“应当说越来越简单”，岂非奇事。然而他的解说是：“前面几个例题的解法，如果已经彻底明白了，这个题不就只是照抄老文章便可解决了吗？有什么复杂呢？”

这自然是没错的，不过抄老文章罢了！

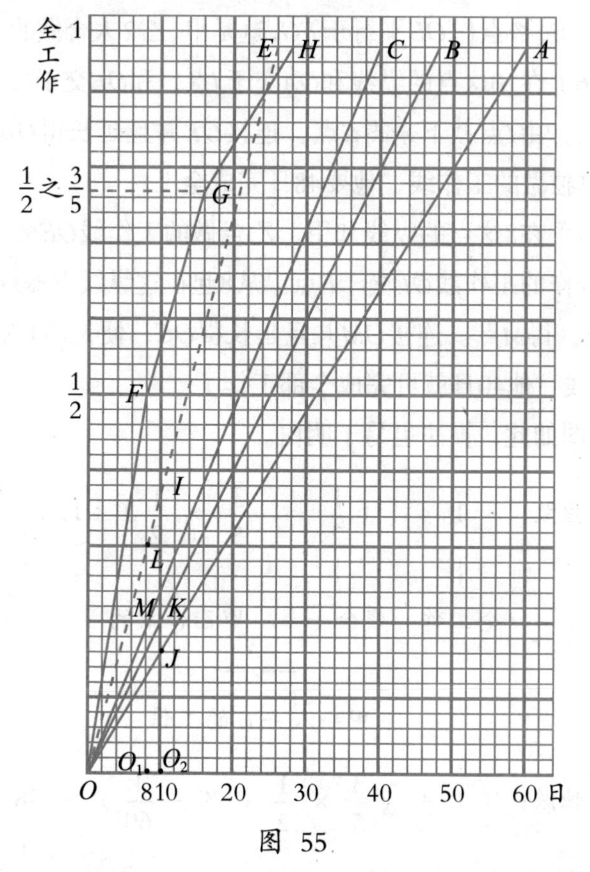

图 55

（1）先依8日做完一半这个条件画OF，是3人合做8日的工作线，也是3人合做的工作线的“方向”。

（2）由F点起，依8日完成剩余工作的$\frac{3}{5}$这个条件，作FG，这便表示甲、乙2人合做的工作线的“方向”。

（3）由G点起，依12日完成这条件，作GH，这便表示甲

1人单独做的工作线的“方向”。

（4）过O点作OA平行于GH，得甲1人单独做的工作线，他要60日才做完。

（5）过O点作OE平行于FG，这是甲、乙2人合做的工作线。

（6）在10这点的纵线和OA交于J点，和OE交于I点。依照O_2J的长，由I点截下来得K点，连接OK并且延长得OB，就是乙1人单独做的工作线，他要48日完成全工。

（7）在8这点的纵线和甲、乙合做的工作线OE交于L点，和3人合作的工作线OF交于F点。从8起在这纵线上截O_1M等于LF的长，得M点。连接OM并且延长得OC，便是丙1人单独做的工作线，他40日就可完成全部工作了。

作图如此，算法也易于明白。

甲独做：$$1 \div \left[\left(\frac{1}{2} - \frac{3}{5} \times \frac{1}{2}\right) \div 12\right] = 60$$

全工作　残余一半　甲乙合做的　日数

（甲乙合做的 ÷ 12：甲一人一日的工作）

乙独做：$$1 \div \left(\frac{3}{5} \times \frac{1}{2} \div 8 - \frac{1}{60}\right) = 48$$

全工作　甲乙合做一日　甲做一日　日数

丙独做：$$1 \div \left(\frac{1}{2} \div 8 - \frac{3}{5} \times \frac{1}{2} \div 8\right) = 40$$

全工作　三人合做一日　甲乙合做一日　日数

例六：有一项工程，甲、乙2人合做$\frac{8}{3}$日完成，乙、丙2人合做$\frac{16}{3}$日完成，甲、丙2人合做$\frac{16}{5}$日完成，那么每人单独做各需要几日完成呢？

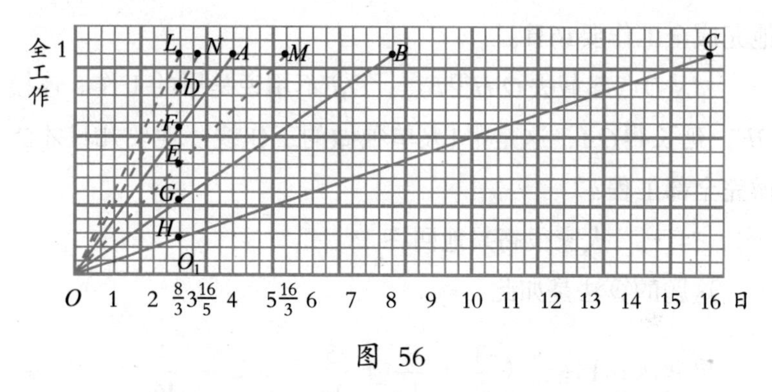

图 56

“这倒是真正地越来越复杂，老文章不好直接照抄了。”马先生说。

“不管三七二十一，先把每两人合做的工作线画出来。”没有人回答，马先生接着说。

这自然是抄老文章，OL是甲、乙的工作线，OM是乙、丙的工作线，ON是甲、丙的工作线，马先生叫王有道在黑板上画了出来。随手在L点的纵线和ON，OM的交点涂写上D和E。

“LD表示什么？”

“乙、丙的工作差。”王有道回答。

“好，那么从E点在这纵线上截去LD得G点，O_1点到G点是什么？”

“乙的工作。”周学敏回答。

“所以，连接OG并且延长到B点，就是乙1人单独做的工作线，他要8日完成。再从G点起，截去一个LD得H点，O_1点到H

点是什么？”

“丙的工作。”我回答。

“连接OH，延长到C点，OC就是丙独自1人做的工作线，他完成全工作要16日。”

“从D点起截去O_1H得F点，O_1F不用说是甲的工作。连接OF，延长得OA，这是甲1人单独做的工作线。他要几日才能做完全部工程？”

“4日。”大家很高兴地回答。

这题的算法是如此：

$$\text{甲独做：}1\div\left[\left(\frac{3}{8}+\frac{3}{16}+\frac{5}{16}\right)\div 2-\frac{3}{16}\right]=4$$

$\frac{3}{8}$：甲乙一日的工作　$\frac{3}{16}$：甲丙一日做　$\frac{5}{16}$：乙丙一日做　$\frac{3}{16}$：乙丙一日做　4：日数

$\left(\frac{3}{8}+\frac{3}{16}+\frac{5}{16}\right)\div 2$：甲乙丙一日做

$$\text{乙独做：}1\div\left(\frac{3}{8}-\frac{1}{4}\right)=8$$

$\frac{3}{8}$：甲乙一日做　$\frac{1}{4}$：甲一日做　8：日数

$$\text{丙独做：}1\div\left(\frac{5}{16}-\frac{1}{4}\right)=16$$

$\frac{5}{16}$：甲丙一日做　$\frac{1}{4}$：甲一日做　16：日数

马先生结束这一课时说："这节课到此为止。下节课我们来把四则问题做一个结束，将没有讲到的、还常见的题目都大概讲一下，你们也可提出觉得困难的问题来。其实全部算术的问题都是四则问题。"

12 归一法的问题

上次马先生已说过，这次把四则问题做一个结束，而且要我们提出难题来。于是，昨天一整个下午，便消磨在了搜寻问题上。

我约了周学敏一同商量，发现有许多计算法，马先生都不曾讲到，而在已经讲过的方法中，也还遗漏了我觉得难解的问题，清算起来一共差不多二三十个题目。不知道怎样向马先生提出来，因此犹豫了半夜！

真奇怪！马先生好像早已明白了我的心理，一走上讲台，便说："今天来结束四则问题，先让你们把想要解决的问题都提出，我们再依次讨论下去。"

这自然是给我一个提出问题的机会了。因为我想提的问题太多了，所以决定先让别人开口，然后再补充。结果我所想到的问题已提出了十分之八九，只剩了十分之一二。

因为问题太多的缘故，这次马先生花费的时间确实不少。从"归一法的问题"到"七零八落"，这节是我自己的意见，为的是便于检查。

按照我们提出问题的顺序，马先生从归一法开始，逐一讲下去。对于归一法的问题，马先生提出了一个原理："这类题，本来只是比例的问题，但也可以反过来说，比例的问题本不过是四则问题。这是大家都知道的。"

"王老大30岁，王老五20岁，我们就说他们两兄弟年龄的比是3∶2或$\frac{3}{2}$。其实这和王老大有法币10元，王老五只有2元，我们就说王老大的法币是王老五的5倍一样。王老大的年龄是王老五年龄的$\frac{3}{2}$倍，和王老大同王老五年龄的比是$\frac{3}{2}$，正是一样的，只不过表面形式不同罢了。"

"那么，归一法的问题当中，只是'倍数一定'的关系了？"我好像有了一个大发明似地问道。自然，这是昨天得到了周学敏和马先生指示的结果。

"一点不错！既然抓住了这个要点，我们就来解答问题吧！"马先生说。

例一：工人6名，4日吃1斗[①]2升米，今有工人10名做工10日，吃多少米？

要点虽已懂得，下手却仍困难。马先生写好了题，要我们画图时，大家都茫然了。

以前的例题，每个只含三个量，而且其中一个量，总是由其他两个量依一定的关系产生的，所以是用横线和纵线各表示一个，从而依它们的关系画线。而本题有人数、日数、米数三个量，题目看上去容易，但却不知道从何下手，只好呆呆地望着马先生了。

马先生见此情景，禁不住笑了起来："从前有个老师给学生批文章，因为这个学生是个富家公子，批语要好看，但文章做得却太坏，他于是只好批四个字'六窍皆通'。"

"这个学生非常得意，其他同学见状，跑去问老师。他回答说，人是有七窍的呀，六窍皆通，便是'一窍不通'了。"

---

①为计算容量的单位，1斗=10升。

这样一来惹得大家哄堂大笑，但马先生反而继续说道：“你们今天却真是‘六窍皆通’的‘一窍不通’了。既然抓住了要点，还有什么难的呢？”

……仍然是没有人回答。

“我知道，你们平常惯用横竖两条线，每一条表示一种量，现在碰到了三种量，这一窍却通不过来，是不是？其实题目虽有三个量，何尝不可以只用两条线，而让其中一条线来兼差呢？”

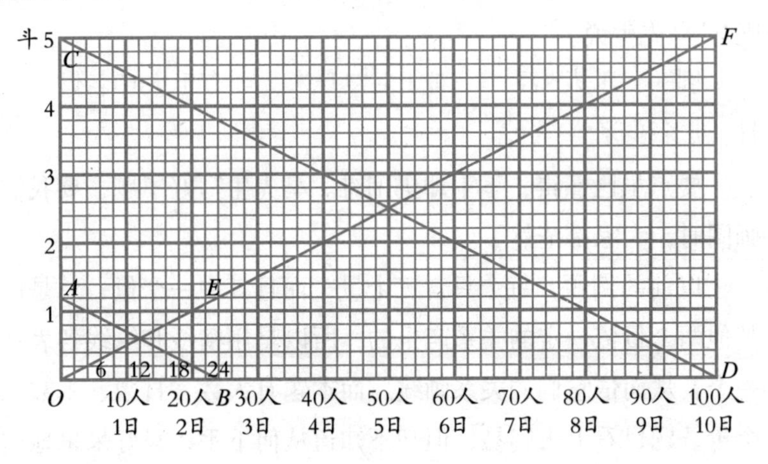

图 57

“工人数是一个量，米数又是一个量，米是工人吃掉的。至于日数不过表示每人多吃几餐罢了。这么一想，比如用横线兼表人数和日数，每6人一段，取4段不就行了吗？这一来纵线自然表示米数了。”

“由6人4日得B点，1斗2升在A点，连接AB就得一条线。再由10人10日得D点，过D点画线平行于AB，交纵线于C点。”

“吃多少米？”马先生画出了图问。

“5斗！”大家高兴地争着回答。

马先生在图上6人4日那点的纵线和1斗2升那点的横线相交的地方，作了一个E点，又连OE延长到10人10日的纵线，写上一F点，又问：“吃多少米？”

大家都笑了起来，原来一条线也就行了。

至于这题的算法，就是先求出一人一日吃多少米，所以叫做“归一法”。

（1.2斗 ÷ 4 ÷ 6）× 10 × 10 = 5斗

6人4日吃的

6人1日吃的

1人1日吃的

10人1日吃的　10人10日吃的

例二：6人8日可做完的工程，8人几日可以做完？

算学的困难在这里，它的趣味也在这里。马先生仍叫我们画图，我们仍是“六窍皆通”！依样画葫芦。

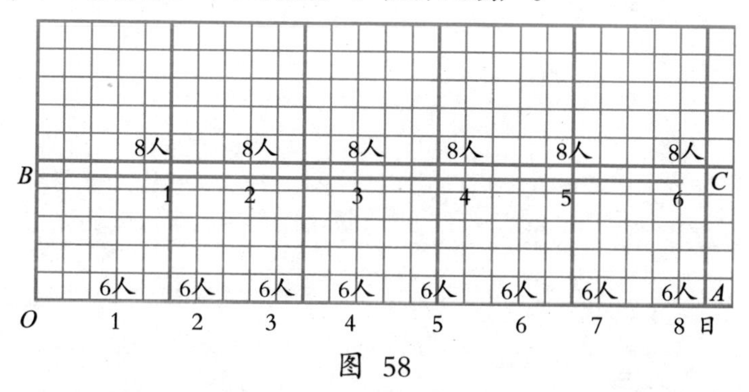

图 58

6人8日的一条OA线，我们都能找到。但另一条线呢！马先生叫我们随意另画一条BC横线，两头和OA在同一纵线上，于是从B点起，每8人一段截到C点为止，共是6段，便是6日可以做完。

马先生说："这题倒不怪你们做不出，这个只是一种变通的做法，正规的画法留到讲比例时再说，因为这本是一个反比例的题目，和例一正比例的不同。所以就算法上说，也就显然相反。"

$$8 \times 6 \div 8 = 6^{\text{日}}$$

6人8日做的　8人做完所需的日数

13 截长补短

说得文气一点，就是平均算。这是我们很容易明白的，根本上只是一加一除的问题，我本来不曾想到提出这类问题。既然有人提出，而且马先生也解答了，姑且放一个例题在这里。

例：上等酒2斤，每斤3.5角；中等酒3斤，每斤3角；下等酒5斤，每斤2角。三种相混，每斤值多少钱？

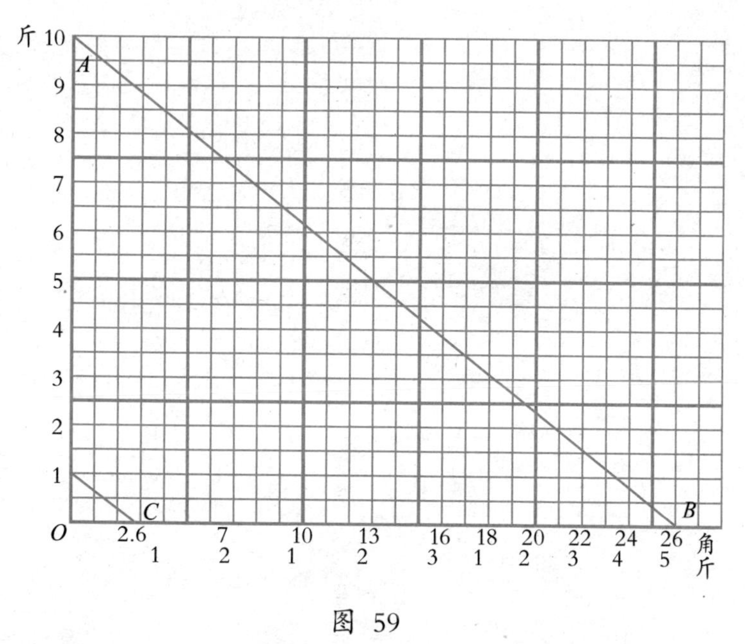

图 59

横线表示价格，纵线表示酒的重量。AB线指出10斤酒一共的价钱，经过指示1斤的这一点，作线平行于AB得C点，即可看出指示1斤的价钱是2.6角。

至于算法，更是明白：

$$(3.5^{角} \times 2 + 3^{角} \times 3 + 2^{角} \times 5) \div (2 + 3 + 5) = 2.6^{角}$$

上等酒　中等酒　下等酒

总价

总斤数

14 还原算

“因为3加5得8，所以8减去5剩3，而8减去3剩5。又因为3乘5得15，所以3除15得5，5除15得3。这是小学生都已经知道的了。”

“加减法互相还原，乘除法也互相还原，这就是还原算的基础。”马先生这样提出要点来以后，就写出了下面的例题。

例一：某数除以2，得到的商减去5，再3倍，加上8，得20，求某数？

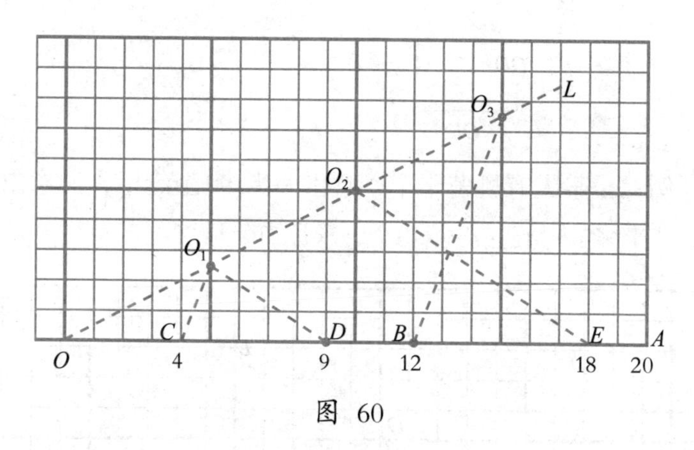

图 60

马先生说：“这只要一条线就够了，至于画法，正和算法一样，不过是‘倒行逆施’。”

自然，我们已能够想出来了。

（1）取OA表20。

（2）从A点“反”向截去8得B点。

（3）过O任画一直线OL。从O起，在上面连续取相等的3段得OO_1，O_1O_2，O_2O_3。

（4）连接O_3B，作O_1C平行于O_3B。

（5）从C点起"顺"向加上5得OD。

（6）连O_1D，作O_2E平行于O_1D，得E点，它指示的是18。这情形和计算时完全相同。

$[(20-8)\div 3+5]\times 2=18.$

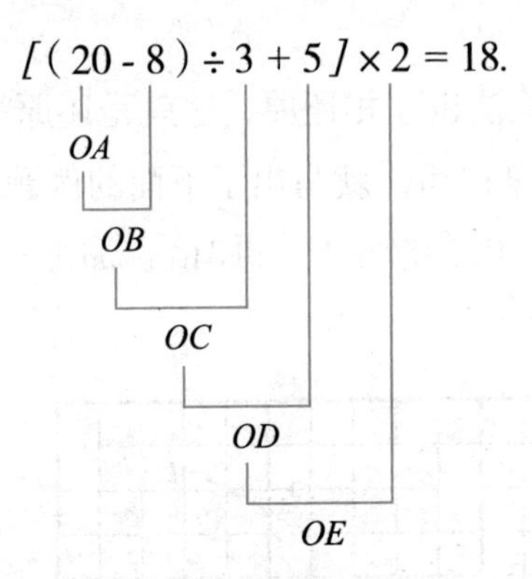

例二：某人有桃若干个，拿出一半多1个给甲，又拿出剩余的一半多2个给乙，还剩3个，求原有桃数？

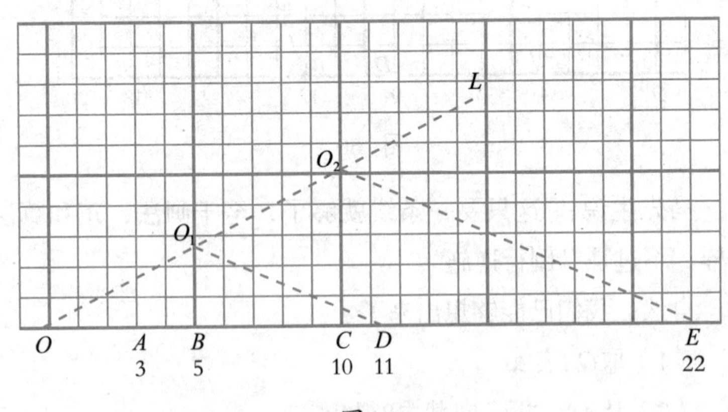

图 61

这和前题本质上没有区别，所以只将图和算法相对应地写出来：

$$[(3+2)\times 2+1]\times 2=22.$$

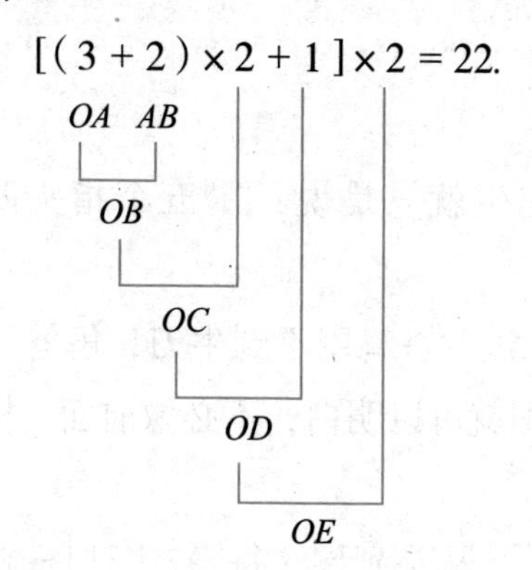

15 五个指头四个叉

回答栽树的问题，马先生就只是说："'五个指头四个叉'，你们自己去想吧！"

其实呢，马先生也这样说："杀鸡用不到牛刀，解答这类题，只要按照题意画一个草图就可以明白，不必像前面一样大动干戈了！"

例一：在60丈①长的路上，从头到尾，每隔2丈种1株树，共种多少株？

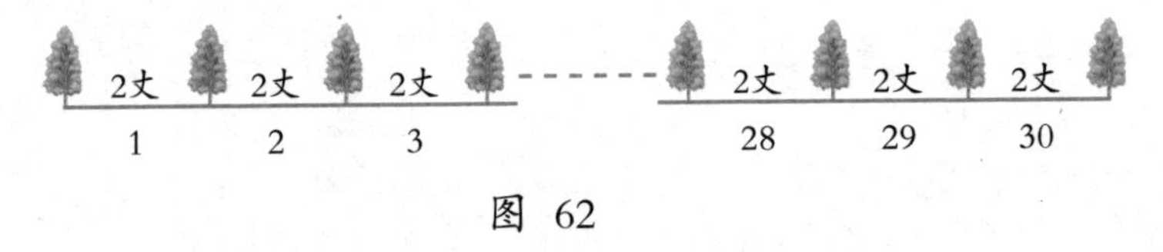

图 62

$60 \div 2 + 1 = 31$（株）

例二：在10丈长的池周，每隔2丈立1根柱子，共有几根柱子？

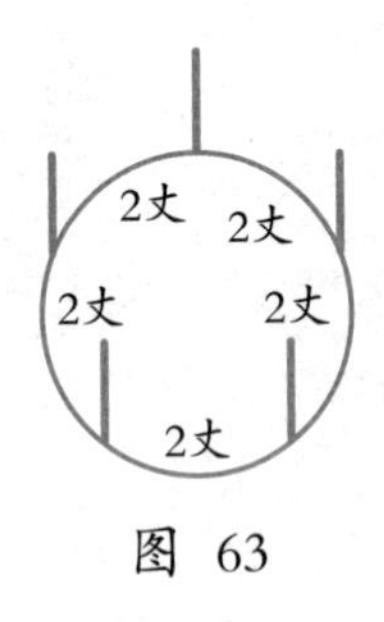

图 63

① 中国市制长度单位，1丈=10尺。

10 ÷ 2 = 5（根）

例二的路是首尾相接的，所以起首的1根柱子，也就是最后1根。

例三：一丈二尺长的梯子，每段横木相隔一尺二寸，有几根横木？（两端用不到横木。）

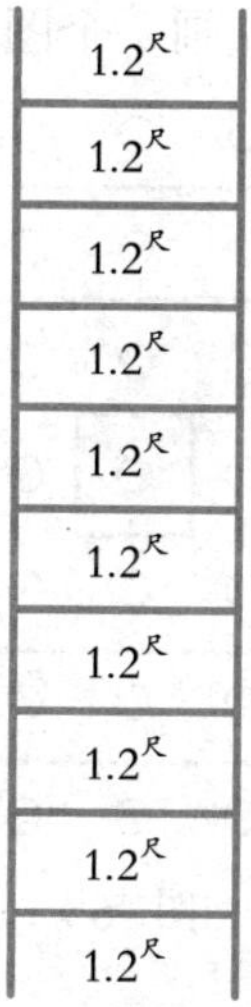

1.2尺
1.2尺
1.2尺
1.2尺
1.2尺
1.2尺
1.2尺
1.2尺
1.2尺
1.2尺

图 64

12 ÷ 1.2 - 1 = 9（根）

16 排方阵

这类题，也是可以照题画图来实际观察的。马先生说为了彻底明白它的要点，各人先画一个图来观察下面的各项：

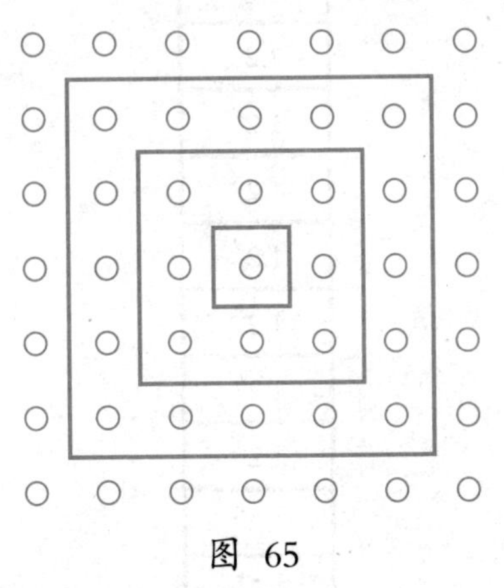

图 65

（1）外层每边多少人？（7）

（2）总数多少人？（7×7）

（3）从外向里第二层每边多少人？（5）

（4）从外向里第三层每边多少人？（3）

（5）中央多少人？（1）

（6）每相邻的两层每边依次少多少人？（2）

“这些就是方阵的秘诀。除此之外，这正用得着兵书上的话‘虚者实之，实者虚之’了。”马先生含笑说道。

例一：三层中空方阵，外层每边11人，共有多少人？

“先来‘虚者实之’，看共有多少人？”马先生问。

“11乘11，121人。”周学敏回答。

“好！那么，再来‘实者虚之’。外面三层，里面剩的顶外层是全方阵的第几层？”

“第四层。”也是周学敏回答。

“第四层每边是多少人？”

“第二层少2人，第三层少4人，第四层少6人，是5人。”王有道回答。

“计算各层每边的人数有一般的法则吗？”

“二层少一个2人，三层少两个2人，四层少三个2人，所以从外层数起，第某层每边的人数是：

“外层每边的人数-2人×（层数-1）”

本题按照实心算，除去外边的三层，还有多少人？”

“五五二十五。”我回答。

这样一来，谁都会算了。

$$11\times11-[11-2\times(4-1)]\times[11-2\times(4-1)]=121-25=96$$

实阵人数　　　中心方阵人数　　　　　实际人数

例二：一队兵，排成方阵，多49人，如果纵横各加1行，又差38人，原有兵多少？

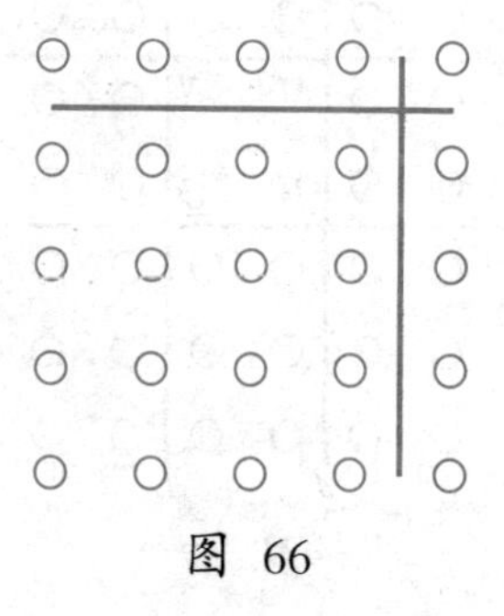

图 66

马先生首先提出这样一个问题："纵横各加1行，按照原来外层每边的人数说，应当加多少人？"

"2倍外层的人数。"某君回答。

"你这是空想的，不是实际观察得来的。"马先生加以批评。

对于这批评，某君不服气，他用铅笔在纸上画来看，才明白了"还需加上1个人"。

"本题，每边加1行共加多少人？"马先生问。

"原来多的49人加上后来差的38人，共87人。"周学敏回答。

"那么，原来的方阵外层每边几个人？"

"87减去1—角落上的，再折半，得43人。"周学敏回答。

马先生指定我将式子列出，我只好在黑板上写，还好，没有错。

$$[(49+38-1)\div 2]\times[(49+38-1)\div 2]+49=1898$$

例三：1296人排成12层的中空方阵，外层每边有几人？

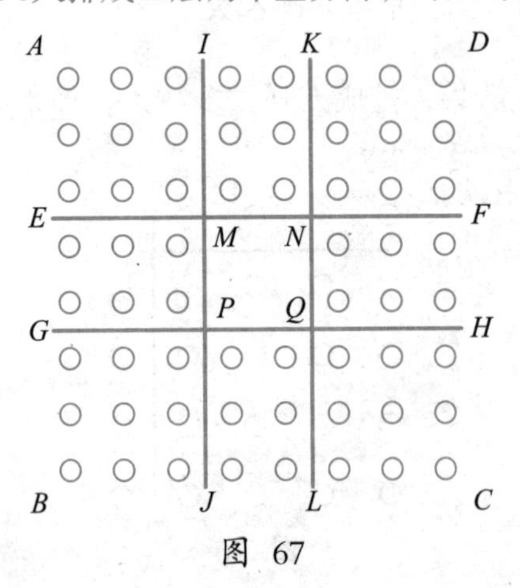

图 67

观察！观察！马先生又指导我们观察了！所要观察的是，每边各层都按照外层的人数算，是怎么一回事！

清清楚楚地，*AEFD*、*BCHG*，横看每排的人数都和外层每边的人数相同。换句话说，全部的人数便是层数乘外层每边的人数。而竖着看，*ABJI*和*CDKL*也是一样。

这和本题有什么关系呢？我想了许久，看了又看，还是觉得莫名其妙！

后来，马先生才问："依照这种情形，我们算成总共的人数是4个*AEFD*的人数，行不行？"

自然不行，算了2个*AEFD*已只剩2个*EGPM*了。所以如果要算成4个，必须加上4个*AEMI*，这是大家讨论的结果。至于*AEMI*的人数，就是层数乘层数。这一来，算法也就明白了。

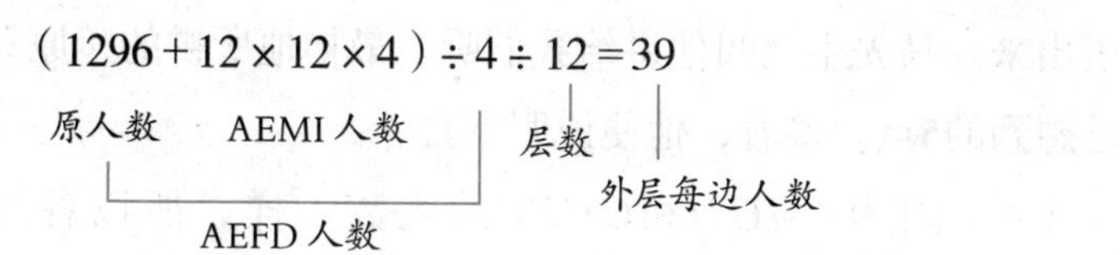

例四：有兵一队，正好排成方阵。后来减少12排，每排正好添上30人，这队兵是多少人？

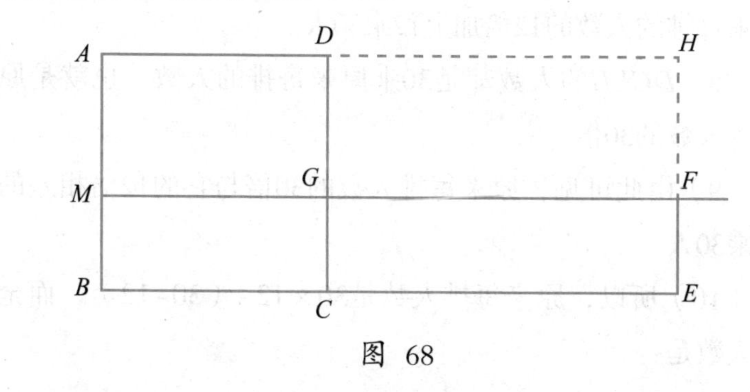

图 68

越来越糟，我简直是坠入迷魂阵了！马先生在黑板上画出这一个图来，便一句话也不说，只是静悄悄地看着我们。自然！这是让我们自己思索，但是从哪儿下手呢？看了又看，想了又想，我只得到了这几点：

（1）*ABCD*是原来的人数。

（2）*MBEF*也是原来的人数。

（3）*AMGD*是原来12排的人数。

（4）*GCEF*也是原来12排的人数，还可以看成是30乘"原来每排人数减去12"的人数。

（5）*DGFH*的人数是12×30。

我所能想到的，就只有这几点，但是它们有什么关系呢？无论怎样我也想不出别的什么了！

周学敏还是令我佩服的，在我百思不得其解的时候，他已算了出来。马先生就叫他讲给我们听。最初他所讲的，原只是我已想到的5点。接着，他便说明下去。

（6）因为*AMGD*和*GCEF*的人数一样，所以各加上*DGFH*，人数也是一样，就是*AMFH*和*DCEH*的人数相等。

（7）*AMFH*的人数是"原来每排人数加30"的12倍，也就是原来每排的人数的12倍加上12乘30人。

（8）*DCEH*的人数却是30乘原来每排的人数，也就是原来每排人数的30倍。

（9）由此可见，原来每排人数的30倍与它的12倍相差的是12乘30人。

（10）所以，原来每排人数是30×12÷（30-12），而全部的人数是：

$$[30\times12\div(30-12)]\times[30\times12\div(30-12)]=400$$

可不是吗？400人排成方阵，恰好每排20人，一共20排，减少12排，便只剩8排，而减去的人数一共是240，平均添在8排上，每排正好加30人。

为什么周学敏会转这么一个弯，我却不会呢？我真是又羡慕，又嫉妒啊！

17 全部通过

这是某君提出的问题。马先生对于我们提出这样的问题，好像非常诧异。

马先生说："这不过是行程的问题，只需注意一个要点就行了。从前学校开运动会的时候，有一种运动，叫做障碍物竞走，比现在的跨栏要难得多，除了跨一两次栏杆，还有撑竿跳高、跳远、钻圈、钻桶等等。"

"钻桶，便是全部通过。桶的大小只能容一个人直着身子爬过，桶的长短却比一个人长一点。我且问你们，一个人，从他的头进桶口起，到全身爬出桶止，他爬过的距离是多少？"

"桶长加身长。"周学敏回答。

"好！"马先生斩钉截铁地说，"这就是'全部通过'这类题的要点。"

例一：长60丈的火车，每秒行驶66丈，经过长402丈的桥，自车头进桥，到车尾出桥，需要多长时间？

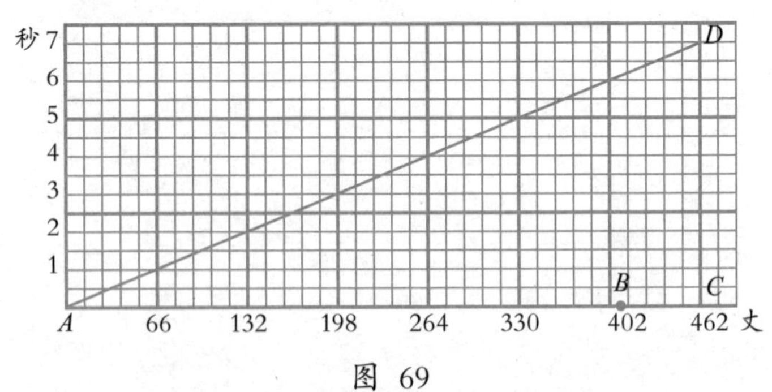

图 69

马先生将题写出后，便一边画图，一边讲："用横线表示距离，AB是桥长，BC是车长，AC就是全部通过需要走的路程。用纵线表示时间。依照1和66'一定倍数'的关系画AD，从D横看过去，得7，就是要走7秒钟。"

我且将算法补在这里：

$$(402^{\text{丈}}+60^{\text{丈}})\div 66^{\text{丈}}=7^{\text{秒}}$$

AB　　BC

桥长　车长　速度　时间

例二：长40尺的列车，全部通过200尺的桥，耗时4秒，列车的速度是多少？

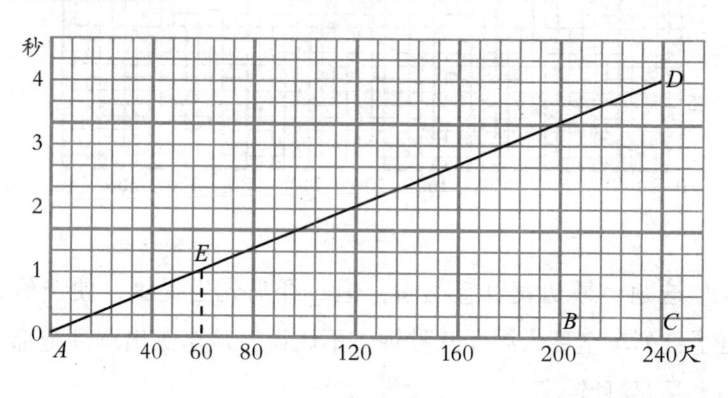

图 70

将前一个例题做蓝本，这只是知道距离和时间，求速度的问题。它的算法，我也明白了：

$$(200^{尺}+40^{尺})\div 4^{秒}=60^{尺}$$

AB	BC		
桥长	车长	时间	每秒的速度

画图的方法，第一、二步全是相同的，不过第三步是连接AD得交点E，由E竖看下来，得60尺，便是列车每秒的速度。

例三：有人见一列车驶入240尺长的山洞，车头入洞后8秒，车身全部入内，共要20秒钟，车完全出洞，求车的速度和车长。

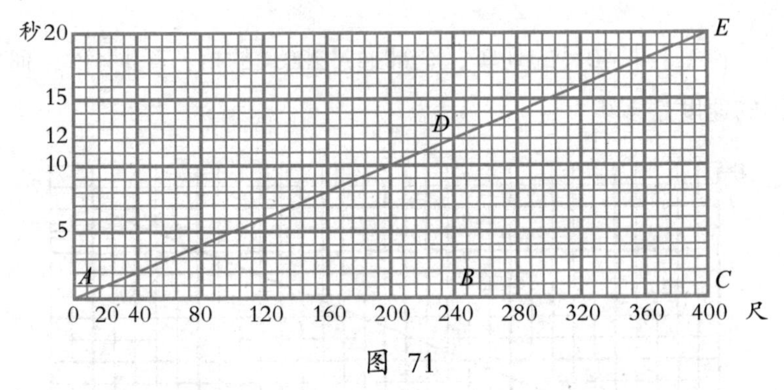

图 71

这题，最初我也想不通，但一经马先生提示，便恍然大悟了：列车全部入洞要八秒钟，不用说，从车头出洞到全部出洞也是要8秒钟了。

明白了这一个关键，画图真是易如反掌啊！先以AB表示洞长，20秒钟减去8秒，正是12秒，这就是车头从入洞到出洞所经过的时间12秒钟，因得D点，连接AD，就是列车的行进线。延长到20秒钟那点得E。由此可知，列车每秒钟行20尺，车长BC是160尺。

算法是这样：

$240^{尺}\div(20^{秒}-8^{秒})=20^{尺}$ 即每秒的速度

$20^{尺}\times 8=160^{尺}$ 即列车的长

例四：A、B两列车，A长92尺，B长84尺，相向而行，从相遇到相离，经过2秒钟。如果B车追A车，从追上到超过，经8秒钟，求各车的速度。

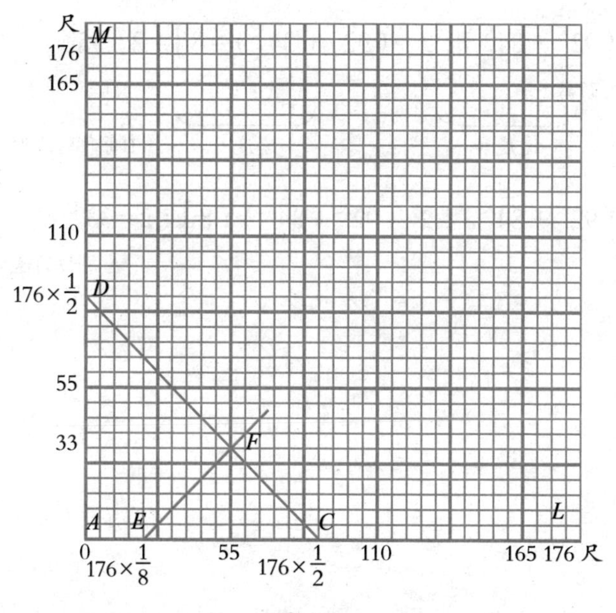

图 72

因为马先生的指定，周学敏将这问题解释如下："第一，依'全部通过'的要点，两车所行的距离总是两车长的和，因而得AL和AM。"

"第二，两车相向而行，每秒钟共经过的距离是它们速度的和。因两车两秒钟相离，所以这速度的和等于两车长的和的$\frac{1}{2}$，因而得CD，表示‘和一定’的线。”

“第三，两车同向相追，每秒钟所追上的距离是它们速度的差。因8秒钟追过，所以这速度的差等于两车长的和的$\frac{1}{8}$，因而得EF，表示‘差一定’的线。”

“从F竖看得55尺，是B每秒钟的速度；横看得33尺，是A每秒钟的速度。”

经过这样的说明，算法自然容易明白了：

$$\left[\underbrace{(92^{尺}+84^{尺})}_{距离}\div 2 + (92^{尺}+84^{尺})\div 8\right]\div 2 = 55^{尺}$$

速度和　速度差　B每秒的速度

$$\left[(92^{尺}+84^{尺})\div 2 - (92^{尺}+84^{尺})\div 8\right]\div 2 = 33^{尺}$$

A每秒的速度

18 七零八落

大家所提到的，只剩下面三个形式各别的题了。

例一：有人自日出至午前10时行19里125丈，自日落至午后9时，行7里140丈，求昼长多少？

素来不皱眉头的马先生，听到这题时却皱眉头了。这题真难吗？似乎真是“眉头一皱，计上心来”一样，马先生对于他的皱眉头这样解释：

“这题数目太啰唆，我来把题目改一下吧！有人自日出至午前10时行10里，自日落至午后9时行4里，求昼长多少？”

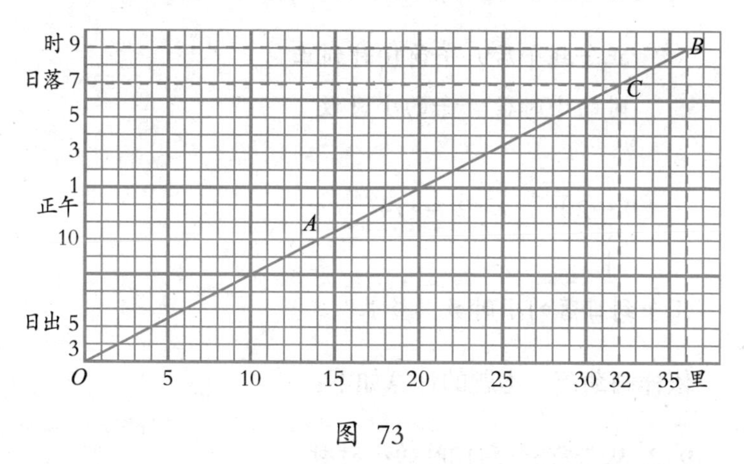

图 73

这个题的要点，便是“从日出到正午，和自正午到日落，时间相等”。因此，用纵线表时间，我们不妨画18小时，从午前3时到午后9时，那么，正午前后都是9小时。既然从正午到日出、日落的时间一样，就可以假设这人是从午前3时走到午前10时，共走14里，所以得表示行程的*OA*线。

这自然很明白了，将*OA*延长到*B*，所指示的就是，假如这个人从午前3时一直走到午后9时，便是18小时共走36里。他的速度，由*AB*线所表示的“一定倍数”的关系，就可知是每小时2里了。

午后9时走到36里，从日落到午后9时走的是4里，回到32里的地方，往上看，得*C*点。横看，得午后7时，可知日落是在午后7时，隔正午7小时，所以昼长是14小时。

由此也就得出了计算法：

$4^{里} \div 2^{里} = 2$　日落到午后9时的小时数

$(10^{里} + 4^{里}) \div (9 - 2) = 2^{里}$　每小时的速度

正午到午后9时的小时数　午前10时到正午的小时数

$(9 - 2)^{小时} \times 2 = 14^{小时}$

正午到日落的小时数　昼长

依样画葫芦，本题的计算如下：

9-2　从午前3时到10时的小时数

$(19^{里}125^{丈} + 7^{里}140^{丈}) \div (9-2) = 3^{里}145^{丈}$　每小时的速度

$7^{里}140^{丈} \div 3^{里}145^{丈} = 2$　从日落到午后9时的小时数

$(9-2)^{小时} \times 2 = 14^{小时}$　昼长

例二：有甲、乙两名旅客，乘三等火车，所带行李共200斤，除二人三等车行李无运费的重量外，甲应付超重费1元8角，乙应付1元。如果把行李分给1人，则超重费为3元4角，三等车每人所带行李不超重的重量是多少？

我居然也找到了这题的要点，从3元4角中减去1元8角，再减去1元，加上3元4角元便是全部的行李都要支付的超重费。但是图还是由王有道画出来的，马先生对于这题没有发表意见。

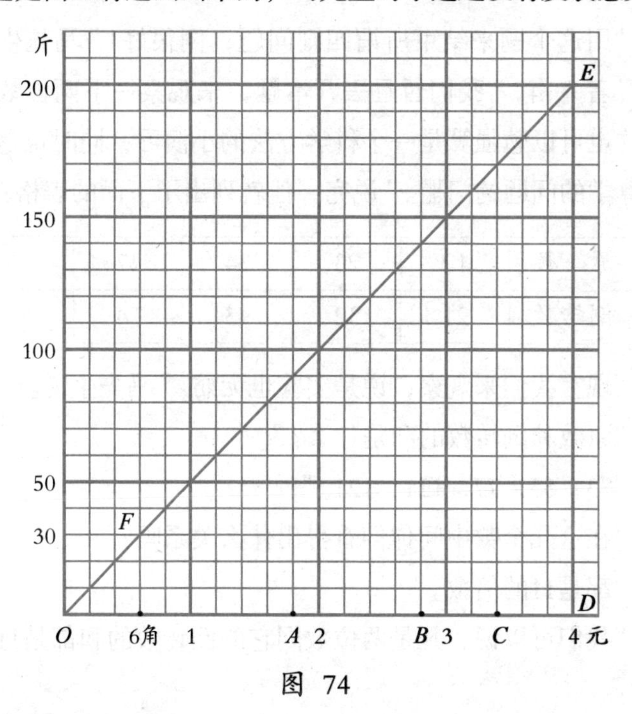

图 74

用横线表示钱数，3元4角（OC）减去1元8角（OA），又减去1元（AB），只剩6角（BC），将这剩下的钱加到3元4角元上去便得4元（OD）。

这就表明如果200斤行李都要支付超重费，便要支付4元，因得OE线。往6角的一点向上看得F，再横看得30斤，就是所求的重量。

$(34^{角}-18^{角}-10^{角})\div[(34^{角}+34^{角}-18^{角}-10^{角})\div200]=30$就是所求的重量

例三：有一个两位数，其十位数字与个位数字交换位置后，与原数的和为143，而原数减其倒转数①则为27，求原数。

"用这个题来结束所谓四则问题，倒很好！"马先生在疲惫中显着兴奋，"我们暂且丢开本题，来观察一下两位数的性质。这也可以勉强算是一个科学方法的小演习，同时也是寻求解决算学的问题的门槛。"说完，他就列出了下面的表格：

原　数	12	23	34	47	56
倒转数	21	32	43	74	65

"现在我们来观察，说是实验也无妨。"马先生说。

"原数和倒转数的和是什么？"

"33，55，77，121，121。"

"在这几个数中间你们看得出什么关系吗？"

"都是11的倍数。"

"我们可以说，凡是两位数同它的倒转数的和都是11的倍数吗？"

"……"没有人回答。

"再来看各是11的几倍？"

"3倍，5倍，7倍，11倍，11倍。"

① 将它的各位数字顺序调换，如：123的倒转数是321。

“这各个倍数和原数有什么关系吗？”

我们大家静静地看了一阵，四五个人一同回答：

“原数数字的和是3，5，7，11，11！”

“你们能找出其中的理由来吗？”

“12是由几个1、几个2合成的？”

“10个1，1个2。”王有道回答。

“它的倒转数呢？”

“1个1，10个2。”周学敏回答。

“那么，它俩的和中有几个1和几个2？”

“11个1和11个2。”我也明白了。

“11个1和11个2，共有几个11？”

“3个！”许多人回答。

“我们可以说，凡是两位数与它的倒转数的和，都是11的倍数吗？”

“可以！”我们真快活极了。

“我们可以说，凡是两位数与它的倒转数的和，都是它的数字和的11倍吗？”

“当然可以！”一齐回答。

“这是这类问题的一个要点，还有一个要点，是从差方面看出来的。你们去‘发明’吧！”

当然，我们很快按部就班地就得到了答案：凡是两位数与它的倒转数的差，都是它的两数字差的9倍。

有了这两个要点，本题自然迎刃而解了！

$$[(143\div 11)+(27\div 9)]\div 2=8\text{（大数字）}$$

两数字和　　两数字差

$$[(143\div 11)-(27\div 9)]\div 2=5\text{（小数字）}$$

因为题上说的是原数减其倒转数，原数中的十位数字应当大一些，所以原数是85。85加58得143，而85减去58正是27，真是巧妙极了！

19 韩信点兵

昨天马先生结束了四则问题以后，叫我们复习关于质数、最大公约数和最小公倍数的问题。晚风习习，我取了一本《开明算术教本》上册，翻开第七章，温习这些内容。

从前学习它们的时候，着实感到困难。现在不能说一点困难都没有，不过，已经不再像以前那样摸不着头脑了。怀着这样的心情，今天，到课堂去听马先生的讲演。

"我叫你们复习的，都复习过了吗？"马先生一走上讲台就问。

"复习过了！"两三个人齐声回答。

"那么，有什么问题？"

每个人都是瞪大双眼，望着马先生，没有一个问题提出来。马先生在这静默中，看了全体一遍：

"学算学的人，大半在这一部分不会感到什么困难的，你们大概也不会有什么问题了。"

我不曾发觉什么困难，照这样说，自然是由于这部分问题比较容易的缘故。心里这么一想，就期待着马先生的下文。

"既然大家都没有问题，我且提出一个来问你们：这部分问题，我们也用画图来处理它吗？"

"那似乎可以不必了！"周学敏回答。

"似乎？可以就可以，不必就不必，何必'似乎'！"马先生笑着说。

"不必！"周学敏斩钉截铁地说。

"问题不在必和不必。既然有了这样一种法门，正可拿它来试试，看变得出什么花招来，不是也很有趣吗？"说完，马先生停了一停，再问，"这一部分所处理的材料是些什么？"

当然，这是谁也答得上来的，大家抢着说："找质数。"

"分质因数。"

"求最大公约数和最小公倍数。"

"归根结底，不过是判定质数和计算倍数与约数，这只是一种关系的两面。12是6，4，3，2的倍数，反过来看，6，4，3，2便是12的约数了。"马先生这样结束了大家的话。

"你们将横线每一大段当1表示倍数，纵线每一小段当1表示数目，画表示2的倍数和3的倍数的两条线。"马先生指示着我们说。

这只是"一定倍数"的问题，已没有一个人不会画了。马先生在黑板上也画了图75。

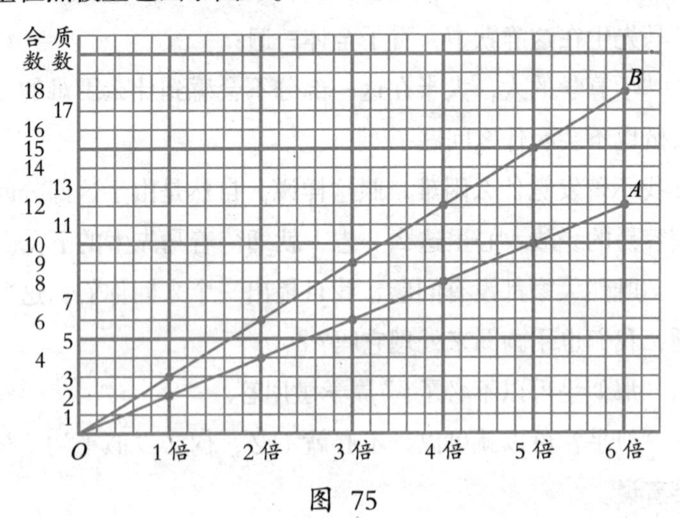

图 75

“从这图上，可以看出些什么来？”马先生问。

“2的倍数是2，4，6，8，10，12。”我答。

“3的倍数是3，6，9，12，15，18。”周学敏说。

“还有呢？”

“5，7，11，13，17都是质数。”王有道说。

“怎么看出来的？”

这几个数都是质数，我本是知道的，但从图上怎么看出来的，我却茫然了。马先生的追问，正是我的疑问。

“*OA*和*OB*两条线都没有经过它们，所以它们既不是2的倍数，也不是3的倍数……”说到这里，王有道突然停住了。

“怎样？”马先生问道。

“它们总是质数呀！”王有道很不自然地说。这一来大家都已发现，这里面一定有了漏洞，王有道大概已明白了。不期然而然地，大家一齐笑了起来。我也是跟着笑的，不过我并未发现这漏洞。

“这没有什么可笑的。”马先生很郑重地说，“王有道，你回答的时候也有点迟疑了，为什么呢？”

“由图上看来，它们都不是2和3的倍数，而且我知道它们都是质数，所以我那样说。但突然想到，25既不是2和3的倍数，也不是质数，便疑惑起来了。”王有道这么一解释，我才恍然大悟，漏洞原来在这里。

马先生露出很满意的笑容，接着说：“其实这个判定法，本是对的，不过欠精密一点，你是上了图的当。假如图还可以画得详细些，你就不会这样说了。”

马先生叫我们另画一个较详细的图，如图76，将表示2，

3，5，7，11，13，17，19，23，29，31，37，41，43，47各倍数的线都画出来。（这里的图，右边截去了一部分。）不用说，这些数都是质数。

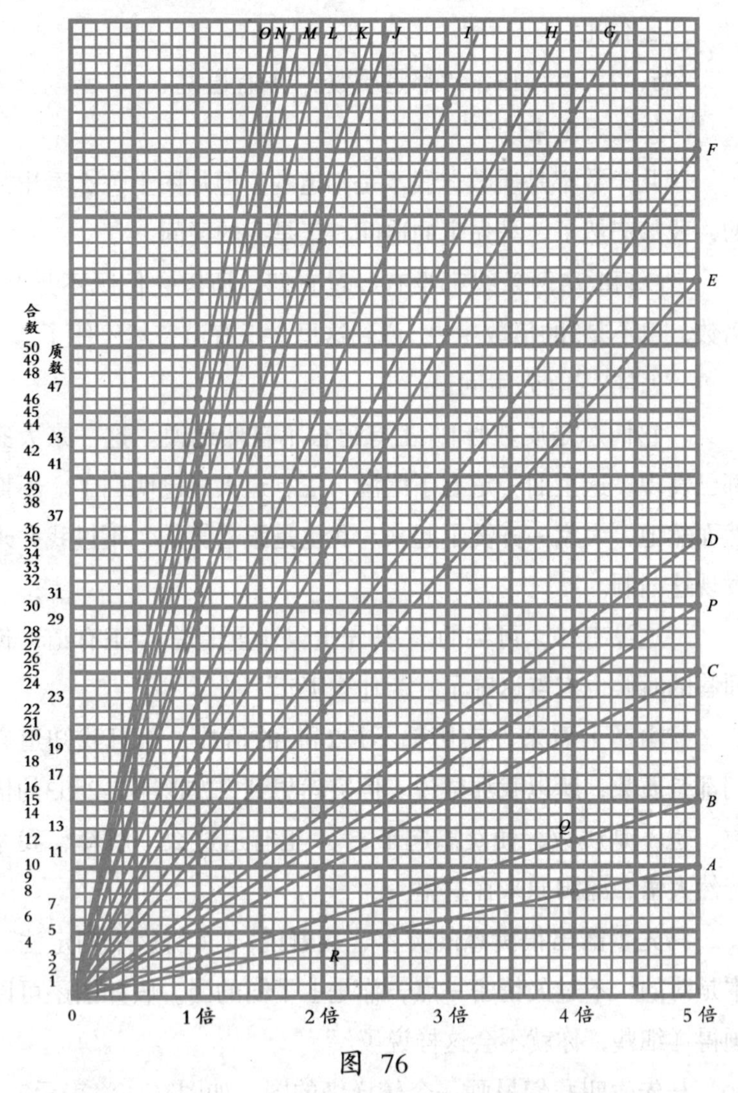

图 76

从图上，50以内的合数当然可以很清楚地看出来。不过，我有点怀疑。马先生原来是要我们从图上找质数，既然把表示质数的倍数的线都画了出来，还用得找什么质数呢？

马先生还叫我们画一条表示6的倍数的线OP。他说："由这张图看，当然再不会说，不是2和3的倍数的，便是质数了。你们再用表示6的倍数的一条线OP作标准，仔细看一看。"

经过十多分钟的观察，我发现了："质数都比6的倍数少1。"

"不错。"马先生说，"但是应得补充一句，除了2和3。"这确实是我不曾注意到的。

"为什么5以上的质数都比6的倍数少1呢？"周学敏提出了这样一个问题。

马先生叫我们回答，但没有人答得上来，他说："这只是事实问题，不是为什么的问题。换句话说，便是整数的性质本来如此，没有原因。"

对于这个解释，大家好像都有点莫名其妙，没有一个人说话。马先生接着说："一点也不稀罕！你们想一想，随便一个数，用6去除，结果怎样呢？"

"有的除得尽，有的除不尽。"周学敏说道。

"除得尽的就是6的倍数，当然不是质数。除不尽的呢？"

没有人回答，我也想得到有的是质数，如23；有的不是质数，如25。

马先生见没有人回答，便这样说："你们想想看，一个数用6去除，如果除不尽，它的余数是什么？"

"1，例如7。"周学敏说。

“5，例如17。”另一个同学又说。

“2，例如14。”又是一个同学说。

“4，例如10。”其他两个同学同时说。

“3，例如21。”我也想到了。

“没有了。”王有道来一个结束。

“很好！”马先生说，“用6除剩2的数，有什么数可把它除尽吗？”

“2。”我想它用6除剩2，当然是个偶数，可用2除得尽。

“那么，除了剩4的呢？”

“一样！”我高兴地说。

“除了剩3的呢？”

“3！”周学敏快速地说。

“用6除了剩1或5的呢？”

这我也明白了。5以上的质数既然不能用2和3除得尽，当然也不能用6除得尽。用6去除不是剩1便是剩5，都和6的倍数差1。

不过马先生又另外提出一个问题：“5以上的质数都比6的倍数差1，掉转头来，可不可以这样说呢？比6的倍数差1的都是质数？”

“不！”王有道说，“例如25是6的4倍多1，35是6的6倍少1，都不是质数。”

“这就对了！”马先生说，“所以你刚才用不是2和3的倍数来判定一个数是质数，是不精密的。”

“马先生！”我的疑问始终不能解释，趁他没有说下去，我便问：“由作图的方法，怎样可以判定一个数是不是质数呢？”

“刚才画的线都是表示质数的倍数的，你们会想到，这不能用来判定质数。但是如果从画图的过程看，就可明白了。首先画的是表示2的倍数的线OA，由它，你们可以看出哪些数不是质数呢？”

“4，6，8……一切偶数。”我答道。

“接着画表示3的倍数的线OB呢？”

“6，9，12……”一个同学说。

“4既然不是质数，上面一个是5，第三就画表示5的倍数的线OC。”这一来又得出它的倍数10，15……再依次上去，6已是合数，所以只好画表示7的倍数的线OD。接着，8，9，10都是合数，只好画表示11的倍数的线OE。

“照这样做下去，把合数渐渐地淘汰了，所画的线所表示的不全都是质数的倍数吗？这个图，我们不妨叫它质数图。”

“我还是不明白，用这张质数图，怎样判定一个数是否是质数？”我跟着发问。

“这真叫做百尺竿头，只差一步了！”马先生很诚恳地说，“你试举一个合数与一个质数出来。”

“15与37。”

“从15横看过去，有些什么数的倍数？”

“3的和5的。”

“从37横着看过去呢？”

“没有！”我已懂得了。在质数图上，由一个数横看过去，如果有别的数的倍数，它自然是合数；一个也没有的时候，它就是质数。不只这样，例如15，还可知道它的质因数是3和5。最简单的，6含的质因数是2和3。

马先生还说，用这个质数图把一个合数分成质因数，也是容易的。这法则是这样的：

例一：将35分成质因数的积。

由35横看到D得它的质因数，有一个是7，往下看是5，它已是质数，所以

$35=7\times5$

本来，如果这图的右边没有截去，7和5都可由图上直接看出来的。

例二：将12分成质因数的积。

由12横看得Q，表示3的4倍。4还是合数，由4横看得R，表示2的2倍，2已是质数，所以

$12=3\times2\times2=3\times2^2$

关于质数图的做法，以及用它来判定一个数是否是质数，用它来将一个合数拆成质因数的积，我们都已明白了。马先生提出求最大公约数的问题。前面说过的既然已明了，这自然是迎刃而解的了。

例三：求12，18和24的最大公约数。

从质数图上，如图77，我们可以看出24，18和12都有约数2，3和6。它们都是24，18，12的公约数，而6就是所求的最大公约数。

“假如不用质数图，怎样由画图法找出这三个数的最大公约数呢？”马先生问王有道。

王有道一边思索，一边用手指在桌上画来画去，后来他这样回答：“把最小的那个数以下的质数找出来，再画出表示这些质数的倍数的线。由这些线上，就可看出各数所含的公共质

因数。它们的乘积，就是所求的最大公约数。”

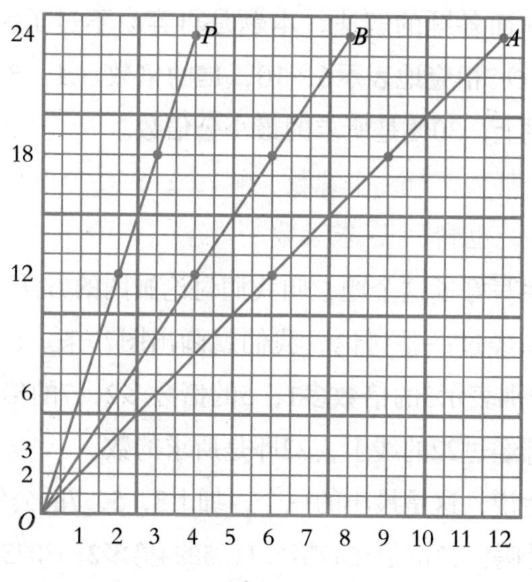

图 77

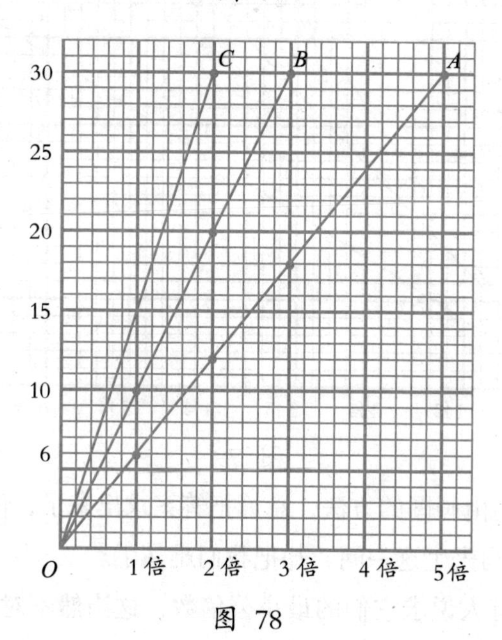

图 78

例四：求6，10和15的最小公倍数。

依照前面各题的解法，本题是再容易不过了。如图78，OA、OB、OC相应地表示6，10，15的倍数。A，B和C同在30的一条横线上，30便是所求的最小公倍数。

例五：某数，3个3个地数，剩1个；5个5个地数，剩2个；7个7个地数，也剩1个，求某数。

马先生写好了这个题，叫我们讨论画图的方法。自然，这不是很难，经过一番讨论，我们就画出图79来。O_1A，O_2B，O_1C各线分别表示3的倍数多1，5的倍数多2，7的倍数多1。而这三条线都经过22的线上，22即是所求的数。

马先生说，这是最小的一个，加上3，5，7的公倍数，都合题意。不是吗？22正是3的7倍多1，5的4倍多2，7的3倍多1。

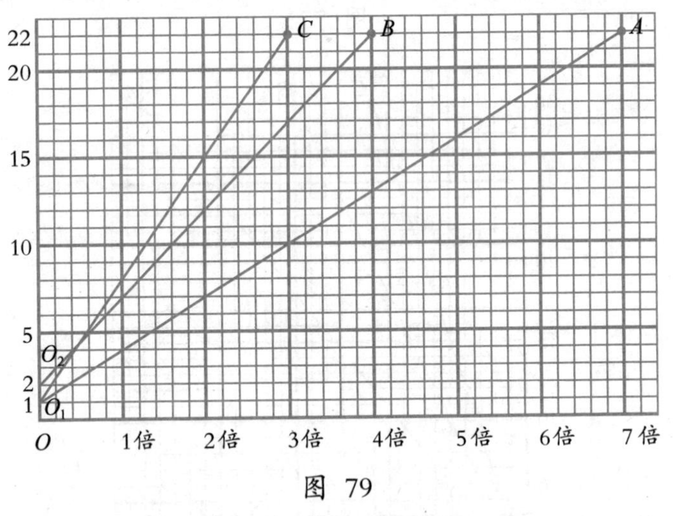

图 79

“你们由画图的方法，总算把答案求出来了，但是算法是什么呢？”马先生这一问，却把我们难住了。

先是有人说求它们的最小公倍数，这当然不对，3，5，7

的最小公倍数是105呀！后来又有人说，从它们的最小公倍数中减去3，除所余的1。也有人说减去5，除所余的2。自然都不是。

从图上细看，也毫无结果。最终只好去求教马先生了。他见大家都束手无策，便开口道："这本来是一个老题目，它还有一个别致的名称'韩信点兵'。它的算法有一首诗：

三人同行七十稀，五树梅花廿一枝，

七子团圆月正半，除百零五便得知。

你们懂得这诗的意思吗？"

"不懂！不懂！"许多人都说。

于是马先生加以解释："这也和'无边落木萧萧下'的谜一样。'三人同行七十稀'，是说3除所得的余数用70去乘它。'五树梅花廿一枝'，是说5除所得的余数，用21去乘。'七子团圆月正半'，是说7除所得的余数用15去乘。'除百零五便得知'，是说把上面所得的3个数相加，加得的和如果大于105，便把105按相应的倍数减去。因此得出来的，就是最小的一个数。好！你们依照这个方法将本题计算一下。"

下面就是计算的式子：

$1\times70+2\times21+1\times15=70+42+15=127$

$127-105=22$

奇怪！对是对了，但为什么呢？周学敏还拿出了一个题，"三三数剩二，五五数剩三，七七数剩四"来试，计算如下：

$2\times70+3\times21+4\times15=140+63+60=263$

$263-105\times2=263-210=53$

53正是3的17倍多2，5的10倍多3，7的7倍多4。真奇怪！但是为什么？

对于这个疑问，马先生说，把上面的式子改成下面的形式，就明白了。

$$(1)\ 2\times70+3\times21+4\times15=2\times(69+1)+3\times21+4\times15$$
$$=2\times23\times3+2\times1+3\times7\times3+4\times5\times3$$
$$=(2\times23+3\times7+4\times5)\times3+2\times1$$

$$(2)\ 2\times70+3\times21+4\times15=2\times70+3\times(20+1)+4\times15$$
$$=2\times14\times5+3\times4\times5+3\times1+4\times3\times5$$
$$=(2\times14+3\times4+4\times3)\times5+3\times1$$

$$(3)\ 2\times70+3\times21+4\times15=2\times70+3\times21+4\times(14+1)$$
$$=2\times10\times7+3\times3\times7+4\times2\times7+4\times1$$
$$=(2\times10+3\times3+4\times2)\times7+4\times1$$

“这三个式子，可以说是同一个数的三种解释：（1）表明它是3的倍数多2。（2）表明它是5的倍数多3。（3）表明它是7的倍数多4。这不是正和题目所给的条件相合吗？”

马先生说完了，王有道似乎已经懂得，但是又有点怀疑的样子。他犹豫了一阵，向马先生提出这么一个问题：“用70去乘3除所得的余数，是因为70是5和7的公倍数，又是3的倍数多1。用21去乘5除所得的余数，是因为21是3和7的公倍数，又是5的倍数多1。用15去乘7除所得的余数，是因为15是5和3的倍数，又是7的倍数多1。这些我都明白了。但是，这70，21和15怎么找出来的呢？”

“这个问题，提得很合适！”马先生说，“这类题的要点，就在这里。但这些数的求法，说来话长，你们可以去看开明书店出版的《数学趣味》，里面就有一篇专讲‘韩信点兵’的。不过，本题三个除数都很简单，70，21，15都容易推出来。5和7的最小公倍是什么？”

“35！”一个同学回答。

“3除35，剩多少？”

“2！”另一个同学回答。

“注意！我们所要的是5和7的公倍数，同时又是3的倍数多1的一个数。35当然不是，将2去乘它，得70，既是5和7的公倍数，又是3的倍数多1。至于21和15情形也相同。不过21已是3和7的公倍数，又是5的倍数多1；15已是5和3的公倍数，又是7的倍数多1，所以用不到再找个合适的数去乘它了。”

最后，马先生还补充一句：“我提出这个题的原意，是要你们知道，它的形式虽然和求最小公倍数的题相同，实质上却是两回事，必须要加以注意。”

20 话说分数

"分数是什么？"马先生今天的第一句话。

"是许多个小单位聚合成的数。"周学敏答道。

"你还可以说得明白点吗？"马先生又问。

"例如$\frac{3}{5}$，就是3个$\frac{1}{5}$聚合成的，$\frac{1}{5}$对于1做单位说，是一个小单位。"周学敏说。

"好！这也是一种说法，而且是比较实用的。按照这种说法，怎样用线段表示分数呢？"马先生问。

"和表示整数一样，不过用表示1的线段的若干分之一做单位罢了。"王有道这样回答以后，马先生叫他在黑板上作出图80来。其实，这是以前无形中用过的。

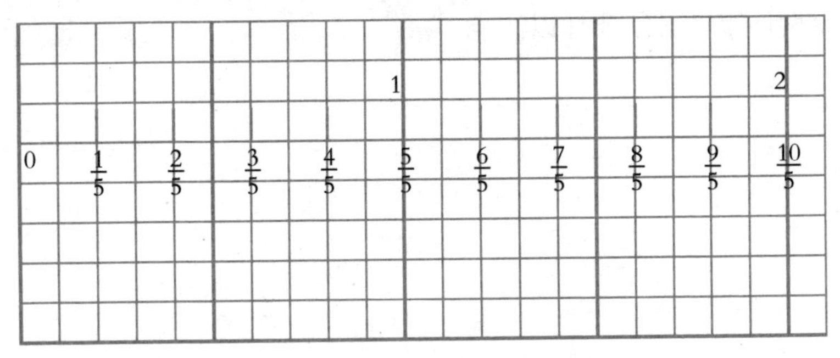

图 80

"分数是什么？还有另外的说法没有？"马先生等王有道回到座位坐好后问。经过好几分钟还是没有人回答，他又问：

"$\frac{4}{2}$是多少？"

“2！”谁都知道。

“$\frac{18}{3}$呢？”

“6。”大家一同回答。

“$\frac{1}{2}$呢？”

“0.5。”周学敏回答。

“$\frac{1}{4}$呢？”

“0.25。”还是他回答。

“你们回答的这些数，分数的值，怎么来的？”

“自然是除得来的呀。”依然是周学敏回答。

“自然！自然！”马先生，“就顺了这个自然，我说，分数是表示两个数相除而未除所成的数，可不可以？”

想着，当然是可以的，但没有一个人回答。大概他们和我一样，觉得没把握吧，只好由马先生自己回答了。

“自然可以，而且在理论上，更合适。分子是被除数，分母便是除数。本来，也就是因为两个整数相除，不一定除得干净，在除不尽的场合，如$13 \div 5 = 2 \cdots 3$，不但说起来啰唆，用起来更大大地不方便，急中生智，才造出这个$\frac{13}{5}$来。”

这样一来，变成用两个数联合起来表示一个数了。马先生说，就因为这样，分数又有一种用线段表示的方法。

他说用横线表示分母，用纵线表示分子，叫我们找表示$\frac{1}{2}$，$\frac{2}{4}$，$\frac{3}{6}$的各点。我们得出了A_1，A_2和A_3，连接起来就得直线OA。他又叫我们找表示$\frac{3}{5}$，$\frac{6}{10}$的两点，连接起来得直线OB，如图81。

“$\frac{1}{2}$，$\frac{2}{4}$和$\frac{3}{6}$的值是一样的吗？”马先生问。

“一样的！”我们回答。

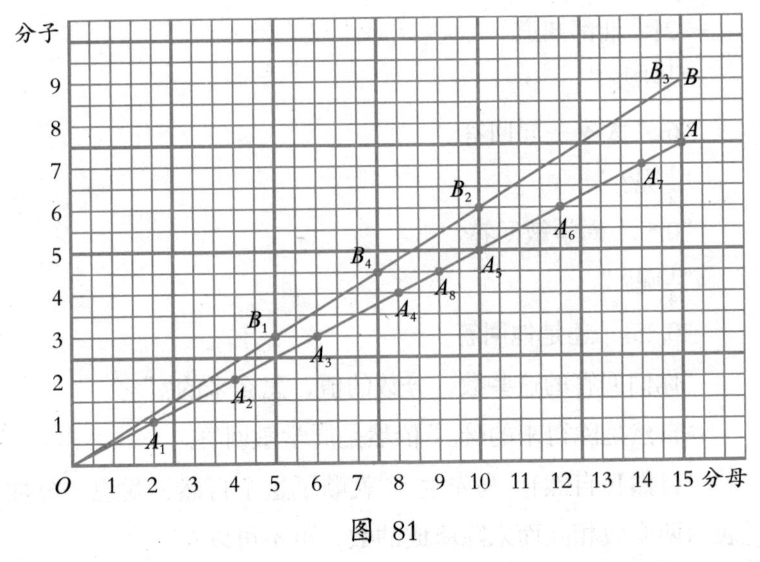

图 81

“表示$\frac{1}{2}$，$\frac{2}{4}$，$\frac{3}{6}$的各点A_1，A_2，A_3，都在一条直线上，由这线上，还能找出其他分数来吗？”大家争着，你一句，我一句地回答：

“$\frac{4}{8}$。”

“$\frac{5}{10}$。”

“$\frac{6}{12}$。”

“$\frac{7}{14}$。”

“这些分数的值怎样？”

“都和$\frac{1}{2}$的相等。”周学敏很快回答，我也是明白的。

“再就OB线看，有几个同值的分数？”

“三个，$\frac{3}{5}$，$\frac{6}{10}$，$\frac{9}{15}$。”几乎是全体同时回答。

“不错！这样看来，表示同值分数的点，都在一条直线上。反过来，一条直线上的各点所指示的分数是不是都是同值的呢？”

“……”我想回答一个“是”字，但找不出理由来，最终没有回答，别人也只是低着头想。

“你们在线上随便指出一点来试试看。”

“A_8。”我说。

“B_4。”周学敏说。

“A_8指示的分数是什么？”

“$\frac{4\frac{1}{2}}{9}$。”王有道说。后来马先生说，这是一个繁分数，叫我们将它化简来看。

$$\frac{4\frac{1}{2}}{9}=\frac{\frac{9}{2}}{9}=\frac{9}{2}\times\frac{1}{9}=\frac{1}{2}$$

B_4所指示的分数，依样画葫芦，我们得出：

$$\frac{4\frac{1}{2}}{7\frac{1}{2}}=\frac{\frac{9}{2}}{\frac{15}{2}}=\frac{9}{15}=\frac{3}{5}。$$

“由这样看来，对于前面的问题，我们可不可以回答一个‘是’字呢？”马先生郑重地问。没有人回答。

“我来一个自问自答吧！”马先生，“可以，也不可以。”惹得大家哄堂大笑。

“不要笑，真是这样。实际上，本是如此，所以你回答一个‘是’字，别人绝不能提出反证来。不过，在理论上，你现在没有给它一个充分的证明，所以你回答一个‘不可以’，也是你虚心求稳的表现。我得结束一句，再过一年，你们学完了平面几何，就会给它一个证明了。”

接着，马先生又提醒我们，将这图从左看到右，又从右看到左。先是：$\frac{1}{2}$变成$\frac{2}{4}$、$\frac{3}{6}$、$\frac{4}{8}$、$\frac{5}{10}$、$\frac{6}{12}$、$\frac{6}{14}$；而$\frac{1}{5}$变成$\frac{2}{10}$、$\frac{3}{15}$，

它们正好表示扩分的变化。用同数乘分子和分母。

后来，正相反，$\frac{7}{14}$、$\frac{6}{12}$、$\frac{5}{10}$、$\frac{4}{8}$、$\frac{2}{4}$都变成$\frac{1}{2}$；而$\frac{3}{15}$、$\frac{2}{10}$都变成$\frac{1}{5}$。它们恰好表示约分的变化。用同数除分子和分母。

啊！多么简单明了，而且趣味丰富啊！谁说算学是呆板、枯燥、无趣的呢？然而用这种方法表示分数，它的效用就此可叹为观止了吗？不！还有更浓厚的趣味呢。

第一，是通分，马先生提出下面的例题。

例一：化$\frac{3}{4}$、$\frac{5}{6}$和$\frac{3}{8}$为同分母的分数。

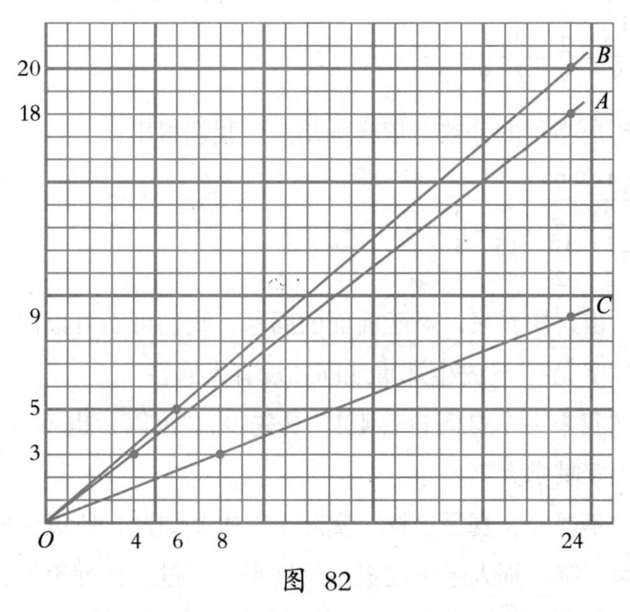

图 82

这个问题的解决，真是再轻松不过了。我们只依照马先生的吩咐，画出表示这三个分数$\frac{3}{4}$、$\frac{5}{6}$和$\frac{3}{8}$三条线，OA、OB和OC，马上就看出来$\frac{3}{4}$扩分可成$\frac{18}{24}$，$\frac{5}{6}$可成$\frac{20}{24}$，而$\frac{3}{8}$可成$\frac{9}{24}$，正好分母都是24，真是简单极了。

第二，是比较分数的大小。

就用上面的例子和图，便可说明白。把三个分数，化成了同分母的，因为，

$\frac{20}{24}>\frac{18}{24}>\frac{9}{24}$

所以知道，

$\frac{5}{6}>\frac{3}{4}>\frac{3}{8}$。

这个结果，图上显示得非常清楚，*OB*线高于*OA*线，*OA*线高于*OC*线，无论这三个分数的分母是否相同，这个事实绝不改变，还用得着通分吗？

照分数的性质说，分子相同的分数，分母越大的值越小。这一点，图上显示得更清楚了。

第三，这是普通算术书上不常见到的，就是求两个分数间，有一定分母的分数。

例二：求$\frac{5}{8}$和$\frac{7}{18}$中间，分母为14的分数。

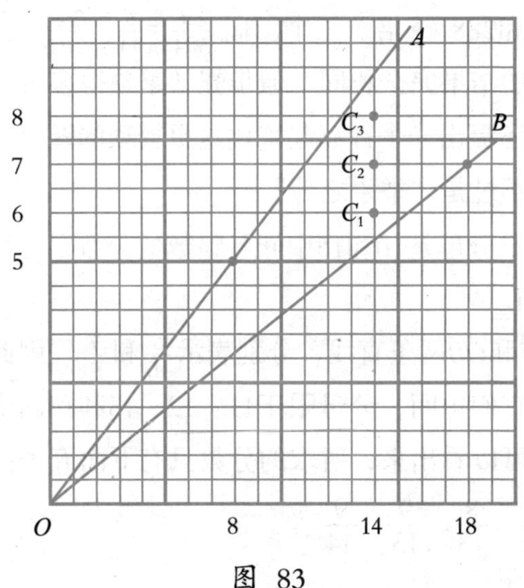

图 83

先画表示$\frac{5}{8}$和$\frac{7}{18}$的两条直线OA和OB，由分母14这一点往上看，处在OA和OB间的，分子的数是6（C_1）、7（C_2）和8（C_3）。这三点所显示的分数是$\frac{6}{14}$、$\frac{7}{14}$、$\frac{8}{14}$，便是所求的。

不是吗？这多么直截了当啊！马先生叫我们用算术的计算法来解这个问题，以相比较。

我们共同讨论一下，得出一个要点，先通分。因为这一来好从分子的大小，决定各分数。通分的结果，8、14和18的最小公倍数是504，而$\frac{5}{8}$变成$\frac{315}{504}$，$\frac{7}{18}$变成$\frac{196}{504}$，所求的分数就在$\frac{315}{504}$和$\frac{196}{504}$中间，分母是504，分子比196大，比315小。

“这还不够。”王有道的意见，“因为题上所要求的，限于14做分母的分数。公分母504是14的36倍，分子必须是36的倍数，才约得成14做分母的分数。”

这个意见当然很对，而且也是本题要点之一。依照这个意见，我们找出在196和315中间，36的倍数，只有216（6倍）、252（7倍）和288（8倍）三个。而$\frac{216}{504}=\frac{6}{14}$，$\frac{252}{504}=\frac{7}{14}$，$\frac{288}{504}=\frac{8}{14}$与前面所得的结果完全相同，但步骤却繁琐得多。

马先生还提出一个计算起来比这更繁琐的题目，但由作图法解决，真不过是“举手之劳”。

例三：求分母是10和15中间各整数的分数，分数的值限于0.6和0.7中间。

图中OA和OB两条直线，分别表示$\frac{6}{10}$和$\frac{7}{10}$。因此所求的各分数，就在它们中间，分母限于11、12、13和14四个数。由图上，一眼就可以看出来，所求的分数只有下面五个：

$\frac{7}{11}$、$\frac{8}{12}$、$\frac{8}{13}$、$\frac{9}{13}$、$\frac{9}{14}$

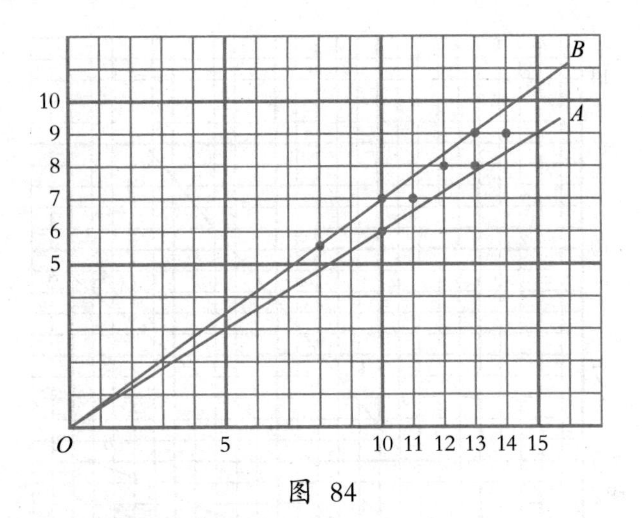

图 84

第四，分数怎样相加减？

例四：求$\frac{3}{4}$和$\frac{5}{12}$的和与差。

总是要画图的，马先生写完题以后，我就将表示$\frac{3}{4}$和$\frac{5}{12}$的两条直线OA和OB画好，如图85。

“异分母分数的加减法，你们都已知道了吧？”马先生。

“先通分！”周学敏迅速说道。

“为什么要通分呢？”

“因为把分数看成许多小单位集合成的，单位不同的数，不能相加减。”周学敏加以说明。

“对的！那么，现在我们怎样在图上将这两个分数相加减呢？”

“两个分数的最小公分母是12，通分以后，$\frac{3}{4}$变成$\frac{9}{12}$，即A_2所表示的；$\frac{5}{12}$还是$\frac{5}{12}$，即B_1所表示的。在12这条纵线上，从A_2起加上5，得C_1（A_2C_1等于5），OC_1这条直线就表示所求的和$\frac{14}{12}$。”王有道详细说道。

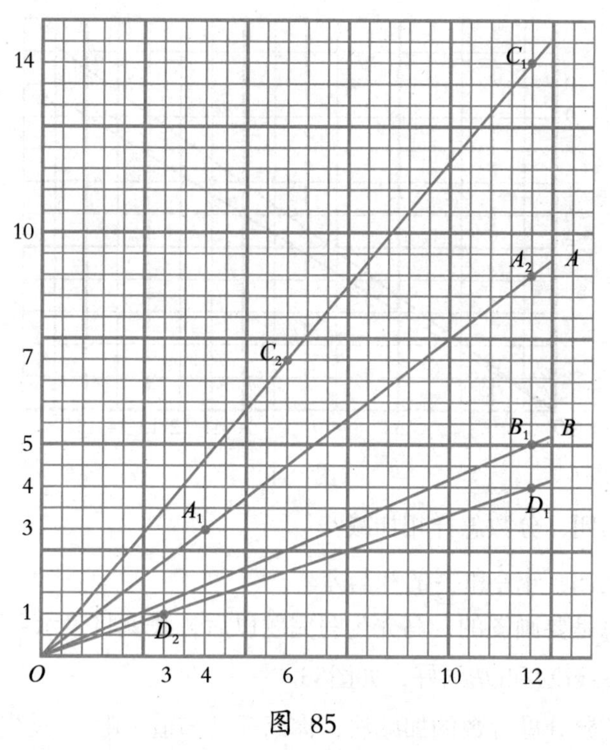

图 85

与“和”的做法相反，“差”的做法我也明白了。从A_2起向下截去5，得D_1，OD_1这条直线，就表示所求的差$\frac{4}{12}$。

“OC_1和OD_1这两条直线所表示的分数，最左的一个各是什么？”马先生问。

一个是$\frac{7}{6}$，C_2所表示的。一个是$\frac{1}{3}$，D_2所表示的。这个说明了什么呢？马先生指示我们，就是在算术中，加得的和，如$\frac{14}{12}$，同减得的差，如$\frac{4}{12}$，可约分的时候，都要约分。而在这里，只要看最左的一个分数就行了，真方便啊！

21 三态之一——几分之几

马先生说，分数的应用问题，大体看来，可分成三大类：

第一，和整数的四则问题一样，不过有些数目是分数罢了。以前的例子中已有过，即如“大小两数的和是$1\frac{1}{10}$，差是$\frac{2}{5}$，求两数。”

第二，和分数性质有关。这样题目，“万变不离其宗”，归根到底，不过三种形态：

（1）知道两个数，求一个数是另一个数的几分之几。

（2）知道一个数，求它的几分之几是什么。

（3）知道一个数的几分之几，求它是什么。

如果用a表示一个分数的分母，b表示分子，m表示它的值，那么：

$$m=\frac{b}{a}$$

（1）已知a和b，求m。

（2）已知一个数为n，求n的$\frac{b}{a}$是多少。

（3）已知一个数的$\frac{b}{a}$是n，求这个数。

第三，单纯是分数自身的变化。如“有一分数，其分母加1，可约为$\frac{3}{4}$；分母加2，可约为$\frac{2}{3}$，求原数。”

这次，马先生所讲的，就是第二类中的（1）。

例一：把一颗骰子连掷36次，正好出现6次红，再掷1次，出现红的概率是多少？

"这个题的意思，是就36次中出现6次说，看它占几分之几，再用这个数来预测下次的概率。这种计算，叫频率估计概率。"马先生说。

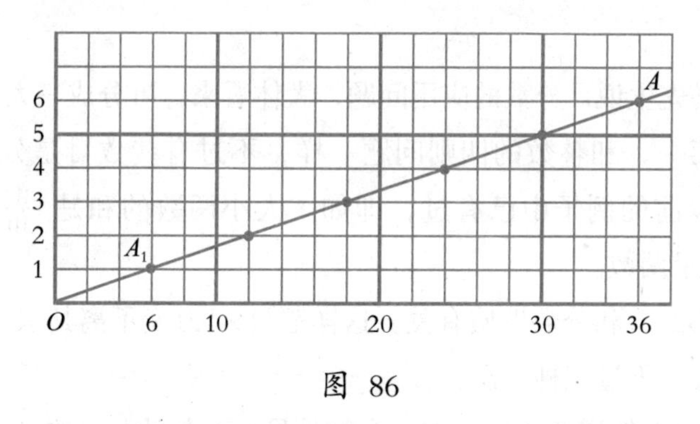

图 86

纵线36横线6的交点是A，连接OA，这直线就表示所求的分数，$\frac{6}{36}$。它可被约分成$\frac{3}{18}$、$\frac{2}{12}$、$\frac{1}{6}$、$\frac{4}{24}$、$\frac{5}{30}$等值，最简的一个就是$\frac{1}{6}$。

例二：酒精3.5升同水5升混合成的酒，酒精占多少？

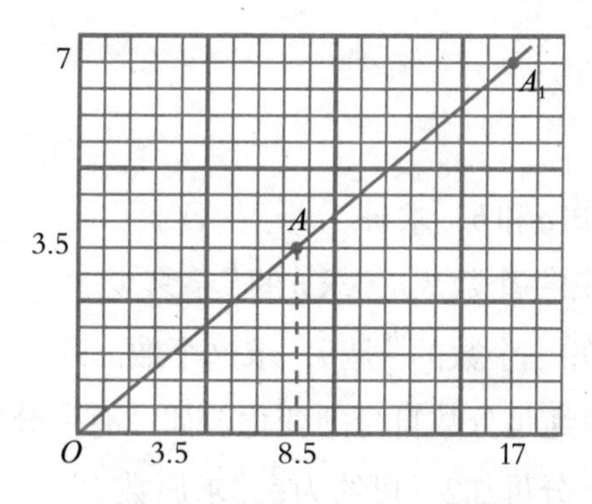

图 87

实质上，本题和前一题，没有什么两样，只需分母取3.5 + 5 = 8.5这一点。这一点的纵线和3.5这点的横线相交于A，连接

OA，即得表示所求的分数的直线。

但直线上，从A向左，找不出简分数来。如果将它适当地延长到A_1，则得最简分数$\frac{7}{17}$。用算术上的方法计算，便是：

$$\frac{3.5}{3.5+5}=\frac{3.5}{8.5}=\frac{35}{85}=\frac{7}{17}$$

22 三态之二——求偏

例一：求35元的$\frac{1}{7}$、$\frac{3}{7}$各是多少。

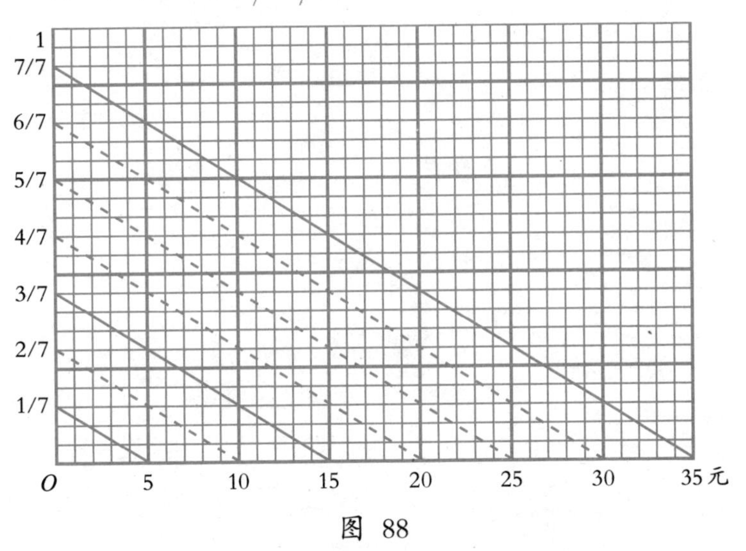

图 88

“你们觉得这个问题有什么困难吗？”马先生问。

“分母是一个数，分子是一个数，35元又是一个数，一共三个数，怎样画呢？”我感到的困难就在这一点。

“那么，把分数就看成一个数，不是只有两个数了吗？”马先生说，“其实在这里，还可直截了当地看成一个简单的除法和乘法的问题。你们还记得我所讲过的除法的画法吗？”

“记得！任意画一条*OA*线，从*O*起，在外面取等长的若干段……（参看图4和它的说明。）”我还没有说完，马先生就接了下去：

“在这里，假如我们用横线（或纵线）表元数，就可以用纵线（或横线）当任意直线OA。就本题说，任取一小段作$\frac{1}{7}$，依次取$\frac{2}{7}$、$\frac{3}{7}$，直到$\frac{7}{7}$就是1。也可以先取一长段作1，就是$\frac{7}{7}$，再把它分成7个等分。这样一来，要求35元的$\frac{1}{7}$，怎样做法？”

“先连1和35，再过$\frac{1}{7}$画它的平行线，和表示元数的线交于5，就是表明35元的$\frac{1}{7}$是5元。”周学敏回答。

毫无疑问，过$\frac{3}{7}$这一点照样作平行线，就得35元的$\frac{3}{7}$是15元。如果我们$\frac{2}{7}$、$\frac{4}{7}$……也作同样的平行线，则35元的$\frac{1}{7}$、$\frac{2}{7}$、$\frac{3}{7}$……都能一目了然了。

马先生进一步指示我们：由本题看来，$\frac{1}{7}$是5元，$\frac{2}{7}$是10元，$\frac{3}{7}$是15元，$\frac{4}{7}$是20元……以至于$\frac{7}{7}$（全数）是35元。可知，如果把$\frac{1}{7}$作单位，$\frac{2}{7}$、$\frac{3}{7}$、$\frac{4}{7}$……相应地就是它的2倍、3倍、4倍……

所以我们如果把倍数的意义看得宽一些，分数的问题，本源上，和倍数的问题，没有什么差别。求35元的2倍、3倍……和求它的$\frac{2}{7}$、$\frac{3}{7}$……都同样用乘法：

$$\left.\begin{array}{l} 35^{元}\times 2=70^{元}，35^{元}\times 3=105^{元}（倍数）\\ 35^{元}\times \frac{2}{7}=10^{元}，35^{元}\times \frac{3}{7}=15^{元}（倍数）\end{array}\right\}广义的倍数$$

归结一句：知道一个数，要求它的几分之几，和求它的多少倍一样，都是用乘法。

例二：华民有48元，将$\frac{1}{4}$给他的弟弟；他的弟弟将所得的$\frac{1}{3}$给小妹妹，每个人分别有多少元？各人所有的是华民原有的几分之几？

本题表面上虽然和前一题略有不同，追本溯源，却没有什么差别。OA表示全数（或说整个，或说1，都是一样）。OB表示48元。OC表示$\frac{1}{4}$。CD平行于AB。OE表示OC的$\frac{1}{3}$，EF平行于CD，自然也就平行于AB。这是图89的做法。

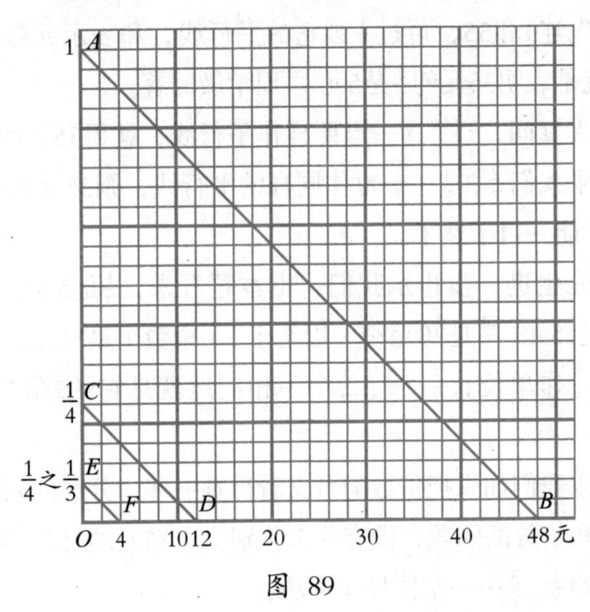

图 89

D指12元，是华民给弟弟的。OB减去OD剩36元，是华民分给弟弟后所有的。

F指4元，是华民的弟弟给小妹妹的。OD减去OF，剩8元，是华民的弟弟所有的。

他们所有的，依次是：36元、8元、4元，合起来正好48元。

至于各人所有的对于华民原有的说，依次是$\frac{1}{4}$、$\frac{2}{12}$、$\frac{1}{6}$、$\frac{1}{12}$。

这题的算法是：

$48^{元}\times\frac{1}{4}=12^{元}$ 华民给弟弟的

$48^{元}-12^{元}=36^{元}$ 华民给弟弟后所有的

$12^{元}\times\frac{1}{3}=4^{元}$ 弟弟给小妹妹的

$12^{元}-4^{元}=8^{元}$ 弟弟所有的

$1-\frac{1}{4}=\frac{3}{4}$ 华民的

$\frac{1}{4}\times\frac{1}{3}=\frac{1}{12}$ 小妹妹的

$\frac{1}{4}-\frac{1}{4}\times\frac{1}{3}=\frac{2}{12}=\frac{1}{6}$ 弟弟的

例三：甲、乙、丙三人分60元，甲得$\frac{2}{5}$，乙得的等于甲的$\frac{2}{3}$，各得多少？

“这个题和前面两个，有什么不同？”马先生问。

“一样，不过多转了一个弯。”王有道答道。

“这种看法是对的。”马先生叫王有道将图画出来，并加以说明。

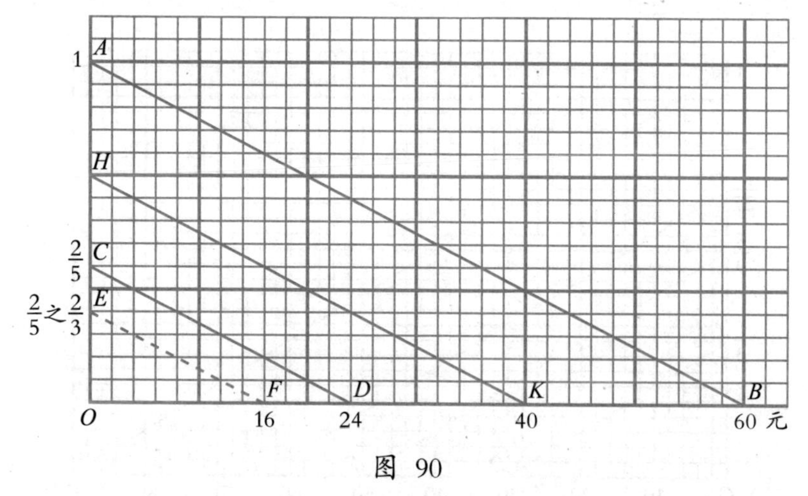

图 90

“AB、CD、EF三条线的画法，和以前的一样。”他一面画，一面说，“从C向上取CH等于OE。画平行于AB。D指甲得24元，*OF*指乙得16元。*OK*指甲、乙共得40。*KB*就指丙得20元。”

王有道已说得很明白了，马先生叫我将计算法写出来，这还有什么难的呢？

$60^{元}\times\frac{2}{5}=24^{元}$（OD） 甲得的

$24^{元}\times\frac{2}{3}=16^{元}$（OF） 乙得的

$60^{元}-(24^{元}+16^{元})=60^{元}-40^{元}=20^{元}$ 丙得的

OB　*OD*　*DK*　*OB*　*OK*　*KB*

例四：某人存90元，每次取余存的$\frac{1}{3}$，连取3次，每次取出多少，还剩多少？

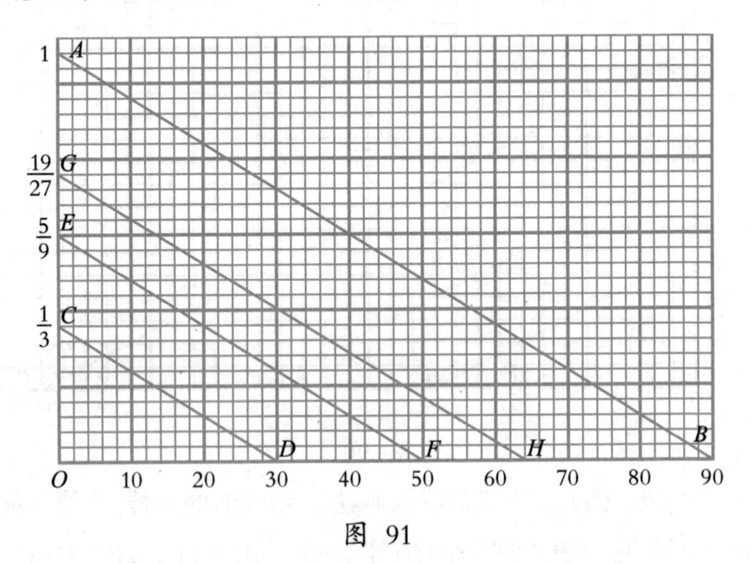

图 91

这个问题，参照前面的来，当然很简单。大概也是因为如此，马先生才留给我们自己做。我只将图画在这里，作为参考。

其实只是一个连分数的问题。D表示第一次取30元，F指示第二次取20元，H表示第三次取$13\frac{1}{3}$元。所剩的是HB，$26\frac{2}{3}$元。

23 三态之三——求全

例一：某数的$\frac{3}{4}$是12，求某数。

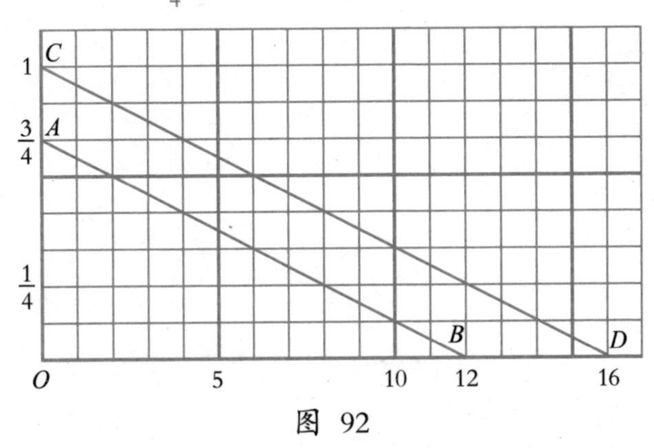

图 92

“这是知道了某数的部分，而要求它的整体，和前一种正相反。所以它的画法，只是将前一种方法反其道而行了。”马先生说。

“横线表示数，这用不到说，纵线表分数，$\frac{3}{4}$怎样画法？”

“先任取一长段作1，再将它4等分，就可得$\frac{1}{4}$、$\frac{2}{4}$、$\frac{3}{4}$各点。”一个同学说。

“这样的办法是对的，不过不便捷。”马先生批评道。

“先任取一小段作$\frac{1}{4}$，再连续次第取等长表示$\frac{2}{4}$、$\frac{3}{4}$……”周学敏说。

“这就比较方便了。”说完，马先生在$\frac{3}{4}$的那一点标一个A，12那点标一个B，又在1那点标一个C，“这样一来，怎样画呢？”

"先连结AB，再过C作它的平行线CD。D点指示的16，它的$\frac{1}{4}$是4，它的$\frac{3}{4}$正好是12。就是所求的数。"

依照求偏的样子，把"倍数"的意义看得广泛一点，这类题的计算法，正和知道某数的倍数，求某数一般无异，都应当用除法。

例如，某数的5倍是105，则：某数$=105\div5=21$。

而本题，某数的$\frac{3}{4}$是12，所以：

某数$=12\div\frac{3}{4}=12\times\frac{4}{3}=16$。

例二：某数的$2\frac{1}{3}$是21，某数是多少？

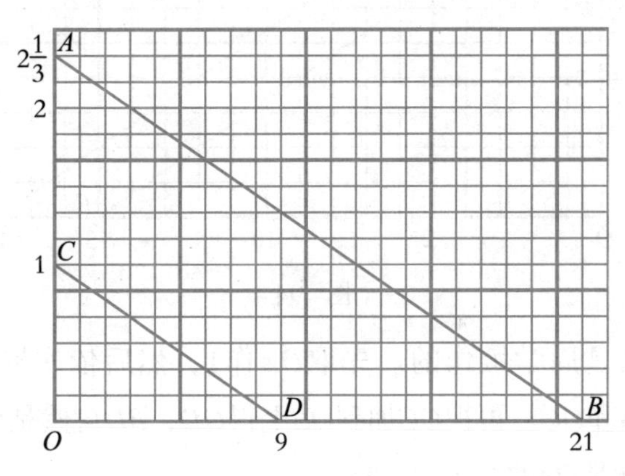

图 93

本题和前一题可以说完全相同，由它更可看出"知偏求全"与知道倍数求原数一样。

图中AB和CD两条直线的做法，和前一题相同，D表示某数是9。它的2倍是18，它的$\frac{1}{3}$是3，它的$2\frac{1}{3}$正好是21。这题的计算法，是这样：

$$21\div2\frac{1}{3}=21\div\frac{7}{3}=21\times\frac{3}{7}=9。$$

例三：某数的$\frac{1}{2}$与它的$\frac{1}{3}$的和是15，某数是多少？

“本题的要点是什么？”马先生问。

“先看某数的$\frac{1}{2}$与它的$\frac{1}{3}$的和，是它的几分之几。”王有道回答。

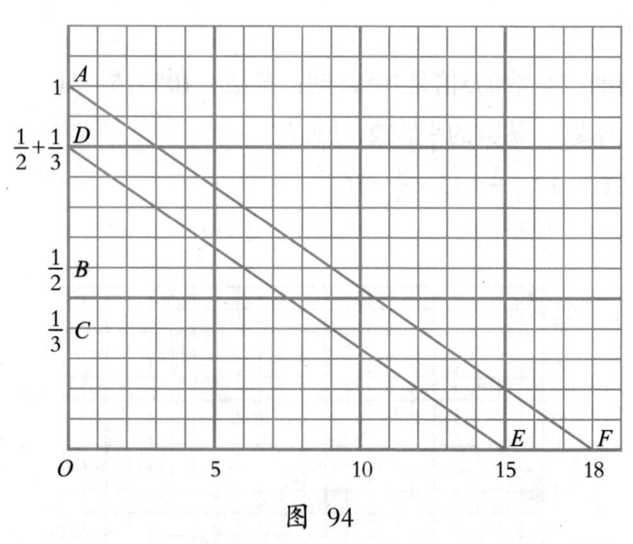

图 94

图94是周学敏作的。先取OA作1，然后依次取它的$\frac{1}{2}$和$\frac{1}{3}$，即OB和OC。再把OC加到OB上得OD，BD自然是OA的$\frac{1}{3}$。所以OD就是OA的$\frac{1}{2}$与$\frac{1}{3}$的和。

连DE，作AF平行于DE，F指明某数是18。

计算法是：

$$15 \div \left(\frac{1}{2}+\frac{1}{3}\right) = 15 \div \frac{5}{6} = 15 \times \frac{6}{5} = 18$$

OE　OB　OC（BD）　OD　OF

例四：何数的$\frac{2}{7}$与$\frac{1}{5}$的差是6？

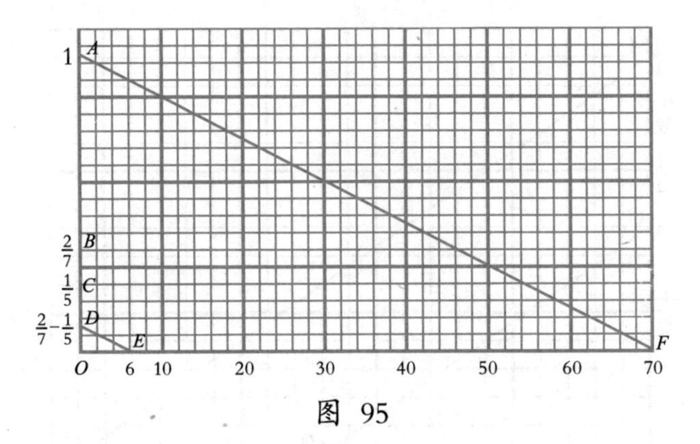

图 95

和前面题相比较，只是“和”换成“差”，这一点不同。所以它的作法也只有从OB减去OC，得OD表示$\frac{2}{7}$和$\frac{1}{5}$的差，这一点不同。F指明所求的数是70。

计算法是这样：

$$6 \div \left(\frac{2}{7} - \frac{1}{5}\right) = 6 \div \frac{3}{35} = 6 \times \frac{35}{3} = 70$$

OE OB $OC(BD)$ OD OF

例五：大小两数的和是21，小数是大数的$\frac{3}{4}$，求两数。

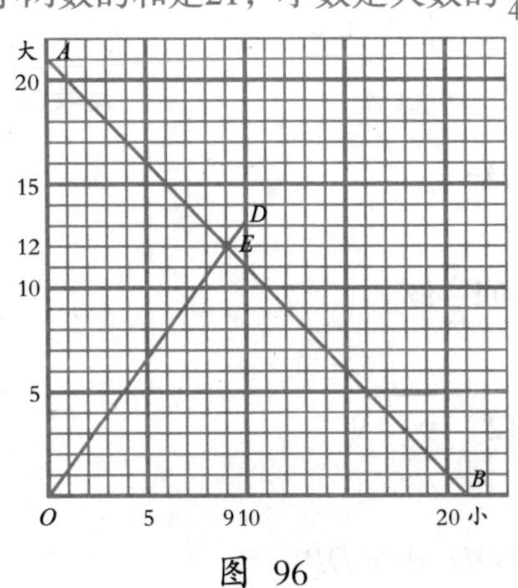

图 96

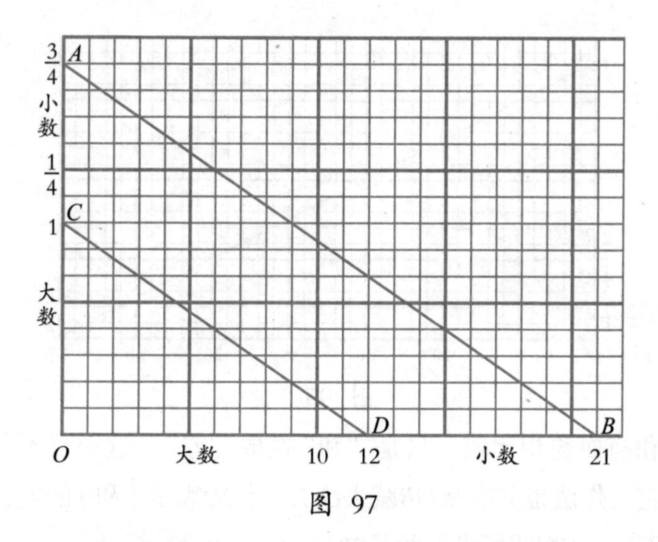

图 97

就广义的倍数说，这个题和第四节的例二完全一样。按照图11的做法，可得图96。如果按照前例的做法，把大数看成1，小数就是$\frac{3}{4}$，可得图97。两相比较，真是殊途同归了。

至于计算法，更不用说，只有一个了。

$$21 \div \left(1 + \frac{3}{4}\right) = 21 \div \frac{7}{4} = 21 \times \frac{4}{7} = 12。$$

21：和OB；1：大数OC；$\frac{3}{4}$：小数CA；$\left(1+\frac{3}{4}\right)$：$OA$，大数的$1\frac{3}{4}$倍；12：大数$OD$

$$21 - 12 = 9$$

21：和OB；12：大数OD；9：小数DB

例六：大小两数的差是4，大数恰是小数的$\frac{4}{3}$，求两数。

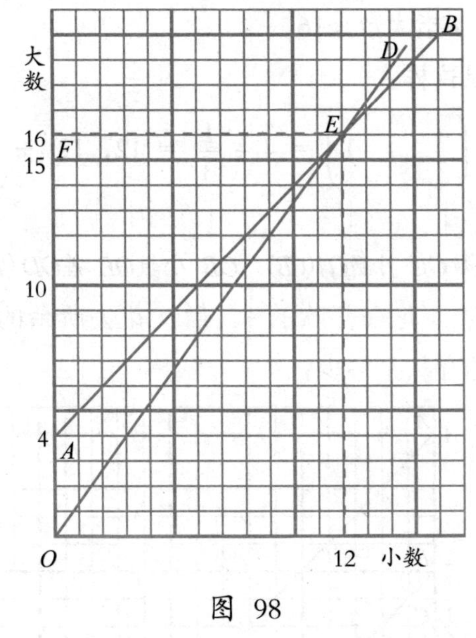

图 98

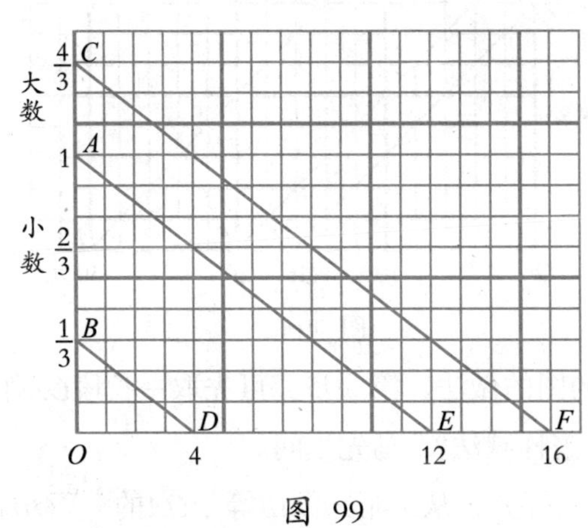

图 99

这题和第四节的例三，形式完全相同，图98就是依图12作的。图99的做法和图97的相仿，不过是将小数看成1，得OA。取OA的$\frac{1}{3}$，得OB。将OB的长加到OA上，得OC。它是OA

的$\frac{4}{3}$，即大数。D点表示4，连接BD。作AE、CF和BD平行。E指小数是12，F指大数是16。

计算法是这样：

$$4 \div \left(\frac{4}{3} - 1\right) = 4 \div \frac{1}{3} = 12，12 + 4 = 16$$

差OD　大数OC　小数OA（CB）　OB　小数OE　差OD（EF）　大数OF

例七：某人花去存款的$\frac{1}{3}$，后又花去所余的$\frac{1}{5}$，还存16元，他原来的存款是多少？

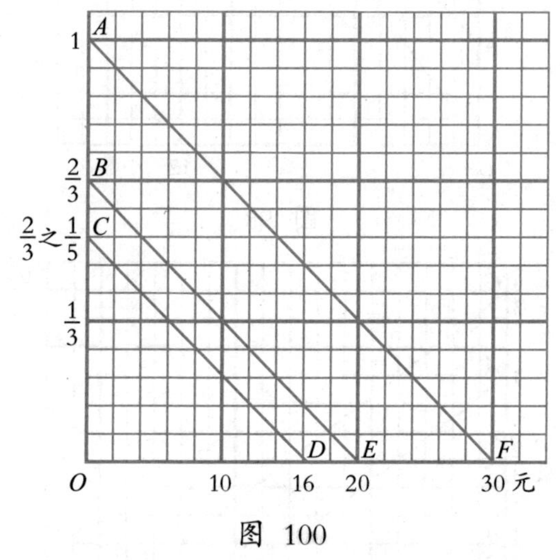

图 100

"这题的图的做法，第一步，可先取一长段OA作1，然后减去它的$\frac{1}{3}$，怎样减法？"马先生问。

"把OA三等分，从A向下取AB等于OA的$\frac{1}{3}$，OB就表示所剩的。"我回答。

"不错！第二步呢？"

"从B向下取BC等于OB的$\frac{1}{5}$，OC就是表示第二次取后所剩的。”周学敏回答。

“对！OC就和OD所表示的16元相等了。你们各自把图作完吧！”马先生吩咐道。

自然，这又是老法子：连CD，作BE、AF和它平行。OF所表示的30元，就是原来的存款。由这图上，还可看出，第一次所取的是10元，第二次是4元。

看了图后计算法自然可以得出：

$$\underset{OD}{16^{\text{元}}} \div \left[1-\underset{OA}{\frac{1}{3}}-\underset{AB}{\left(1-\frac{1}{3}\right)\times\frac{1}{5}}\right]_{OB} = \underset{OC}{16^{\text{元}}} \div \frac{8}{15} = \underset{OF}{30^{\text{元}}}。$$

例八：有一桶水，漏去$\frac{1}{3}$，汲出2斗，还剩半桶，这桶水原来是多少？

“这个题，画图的话，不是很顺畅，你们能把它的顺序更改一下吗？”马先生问。

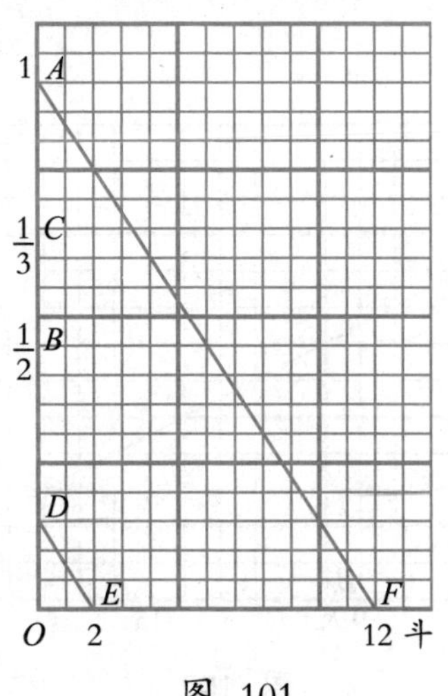

图 101

“题上说，最后剩的是半桶，由此可见漏去和汲出的也是半桶，先就这半桶来画图好了。”王有道说。

“这个办法很不错，虽然看似已把题目改变，实质上却一样。”马先生说，“那么，作法呢？”

“先任取OA作1。截去一半AB，得OB，也是一半。三等分AO得AC。从BO截去AC得D，OD相当于汲出的水2斗……”

王有道说到这里，我已知道，以下自然又是老办法，连DE，作AF和它平行。F指出这桶水原来是12斗。先漏去$\frac{1}{3}$是4斗，后汲去2斗，只剩6斗，恰好半桶。

算法是：

$$2^{斗} \div \left(1 - \frac{1}{2} - \frac{1}{3}\right) = 2^{斗} \div \frac{1}{6} = 12^{斗}$$

┆　　┆　　┆　　┆　　　　┆　　┆

OE　OA　BA　BD（AC）　OD　OF

例九：有一段绳，剪去9尺，余下的部分比全长的$\frac{3}{4}$还短3尺，求这绳原长多少？

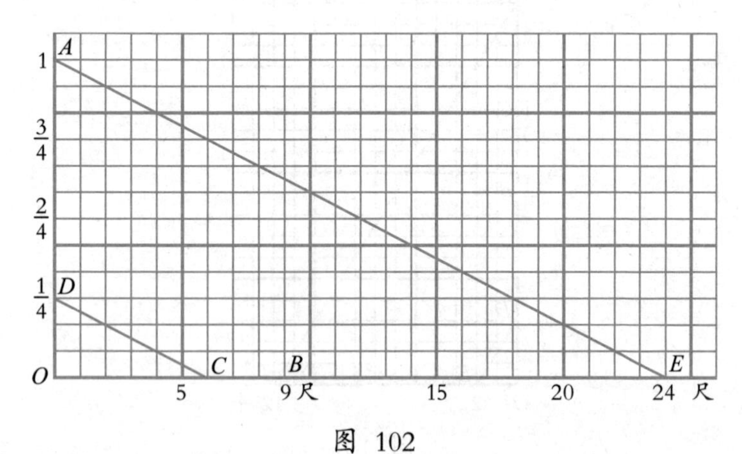

图 102

这个题，不过有个小弯子在里面，一经马先生这样提示："少剪去3尺，怎样？"我便明白作法了。

图102，OB表示剪去的9尺。BC是3尺。如果少剪3尺，则剪去的便只是OC。从C往右正是全长的$\frac{3}{4}$。OA表示1，AD是OA的$\frac{3}{4}$。连DC，作AE和它平行。E指明这绳原来是24尺。它的$\frac{3}{4}$是18尺。它被剪去了9尺，只剩15尺，比18尺恰好差3尺。

经过这番作法，算法也就很明白了：

$$\underset{OB}{(9^{尺}} - \underset{CB}{3^{尺})} \div \left(\underset{OA}{1} - \underset{DA}{\frac{3}{4}}\right) = \underset{OC}{6^{尺}} \div \underset{OD}{\frac{1}{4}} = 24^{尺}$$

例十：夏竹君提取存款的$\frac{2}{5}$后，又存入200元，此时的存款恰好是原存款的$\frac{2}{3}$，求原来的存款是多少？

从讲分数的应用问题起，直到前一个例题，我都没有感到困难，这个题，我却有点应付不了了。马先生似乎已看破，我们有大半人对着它无从下手，他说："你们先不要对着题去闷想，还是动手的好。"

但是怎样动手呢？题目所说的，都不曾得出一些关联的结果来。

"先作表示1的OA！再作表示$\frac{2}{5}$的AB！又作表示$\frac{2}{3}$的OC！"马先生好像体育老师喊口令一样。

"夏竹君提取存款的$\frac{2}{5}$，剩的是多少？"他问。

"$\frac{3}{5}$！"周学敏说。

"不，我问的是图上的线段。"马先生。

"OB！"周学敏没有回答，我说。

"存入200元后，存款有多少？"

"OC。"我回答。

"那么，和这存入的200元相当的是什么？"

"BC。"周学敏抢着说。

"这样一来，图会画了吧？"

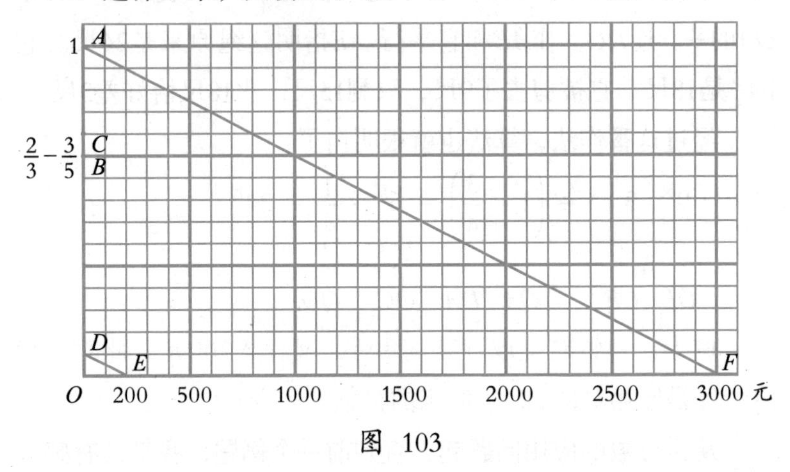

图 103

我仔细想了一阵，又看看前面的几个图，都是把和实在的数目相当的分数放在最下面，这大概是一点小小的秘诀，我就取OD等于BC。连接DE，作AF平行于它。

F指的是3000元，这个数使我有点怀疑，好像太大了。我就又验证了一下，3000元的$\frac{2}{5}$是1200元，提取后还剩1800元。加入200元，是2000元，不是3000元的$\frac{2}{3}$是什么？方法对了，做得仔细，结果总是对的，为什么要怀疑？

这个做法，已把计算法明明白白地告诉我们了：

$$\underset{OE}{200^{\text{元}}} \div \left[\underset{OC}{\frac{2}{3}} - \left(\underset{OA}{1} - \underset{BA}{\frac{2}{5}}\right)\right] = 200^{\text{元}} \div \left[\frac{2}{3} - \underset{OB}{\frac{3}{5}}\right] = 200^{\text{元}} \div \underset{OD(BC)}{\frac{1}{15}} = \underset{OF}{3000^{\text{元}}}$$

例十一：把36分成甲、乙、丙三部分，甲的$\frac{1}{2}$，和乙的$\frac{1}{3}$，和丙的$\frac{1}{4}$都相等，求各数。

对于马先生的指导，我真是非常感激。这个题，在平常，我一定没有办法解答，现在遵照马先生前一题的提示："先不要对着题闷想，还是动手的好。"动起手来。

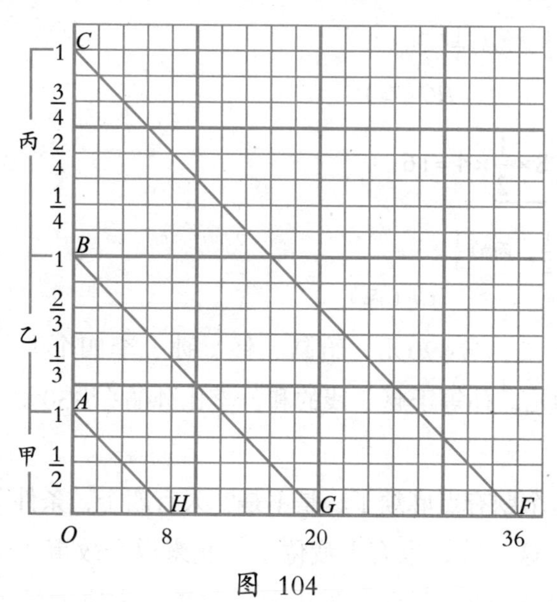

图 104

先取一小段作甲的$\frac{1}{2}$，取两段得OA，这就是甲的1。题目上说乙的$\frac{1}{3}$和甲的$\frac{1}{2}$相等，我就连续取同样的3小段，每一段作乙的$\frac{1}{3}$，得AB，这就是乙的1。再取同样的4小段，每一段作丙的$\frac{1}{4}$，得BC，这就是丙的1。

连接CF，又作它的平行线BG和AH。OH、HG和GF各表示8、12、16，就是所求的甲、乙、丙三个数。8的$\frac{1}{2}$、12的$\frac{1}{3}$，和16的$\frac{1}{4}$全都等于4。

至于算法，我倒想着无妨别致一点：

$36\div(\frac{1}{2}\times2+\frac{1}{2}\times3+\frac{1}{2}\times4)=36\div\frac{9}{2}=8$

⋮ ⋮ ⋮ ⋮ ⋮ ⋮

OF *OA* *AB* *BC* *OC* *OH*（甲）

$\underbrace{8\times\frac{1}{2}}\times3=12$

甲的$\frac{1}{2}$，乙的$\frac{1}{3}$ ⋮

HG（乙）

$\underbrace{8\times\frac{1}{2}}\times4=16$

甲的$\frac{1}{2}$，丙的$\frac{1}{4}$ ⋮

GF（丙）

例十二：分490元，给赵、钱、孙、李四个人。赵比钱的$\frac{2}{3}$少30元，孙等于赵、钱的和，李比孙的$\frac{2}{3}$少30元，每人各得多少?

“这个题有点麻烦了，是不是?人有四个，条件又啰唆。你们坐了这一阵，也有点疲倦了。我来说个故事，给你们解解闷，好不好？”听到马先生要说故事，大家的精神都为之一振。

“话说……”马先生一开口，惹得大家都笑了起来，“从前有一个90多岁的老头子。他有3个儿子和17头牛。有一天，他生病了，觉得寿数将尽了，于是叫他的3个儿子到面前来，吩咐他们说：

‘我的牛，你们三兄弟分，照我的说法去分，不许争吵：老大要$\frac{1}{2}$，老二要$\frac{1}{3}$，老三要$\frac{1}{9}$。’

“不久后老头子果然死了。他的三个儿子把后事料理好以后，就牵出17头牛来，按照他的要求分。

“老大要$\frac{1}{2}$，就只能得8头活的和半头死的。老二要$\frac{1}{3}$，就只能得5头活的和$\frac{2}{3}$头死的。老三要$\frac{1}{9}$，只能得1头活的和$\frac{8}{9}$头死的。虽然他们没有争吵，但却不知道怎么分才合适，谁都不愿要死牛。

“后来他们一同去请教隔壁的李太公，他向来很公平。他们把一切情形告诉了李太公。李太公笑眯眯地牵了自己的一头牛，跟他们去。他说：‘你们分不好，我送你们1头，再分好了。’”

“他们三兄弟有了18头牛：老大分$\frac{1}{2}$，牵去9头；老二分$\frac{1}{3}$，牵去6头；老三分$\frac{1}{9}$，牵去2头。各人都高高兴兴地离开。李太公的1头牛他仍旧牵了回去。”

“这叫李太公分牛。”马先生说完，大家又用笑声来回应他。他接着说：“你们听了这个故事，学到点什么没有？”

“……”没有人回答。

“你们不妨学学李太公，做个空头人情，来替赵、钱、孙、李这四家分这笔账！”

原来，他说李太公分牛的故事，是在提示我们，解决这个题，必须虚加些钱进去。这钱怎样加进去呢？

第一步，我想到了，赵比钱的$\frac{2}{3}$少30元，如果加30元去给赵，则他得的就是钱的$\frac{2}{3}$。

不过，这么一来，孙比赵、钱的和又差了30元。好，又加30元去给孙，使他所得的还是等于赵、钱的和。

再往下看去，又来了，李比孙的$\frac{2}{3}$已不只少30元。孙既然多得了30元，他的$\frac{2}{3}$就多得了20元。李比他所得的$\frac{2}{3}$，先少30元，现在又少20元。这两笔钱不用说也得加进去。

虚加进这几笔数后，则各人所得的，赵是钱的$\frac{2}{3}$，孙是赵、钱的和，而李是孙的$\frac{2}{3}$，他们彼此间的关系就简明多了。

跟着这一堆说明画图已成了很机械的工作。

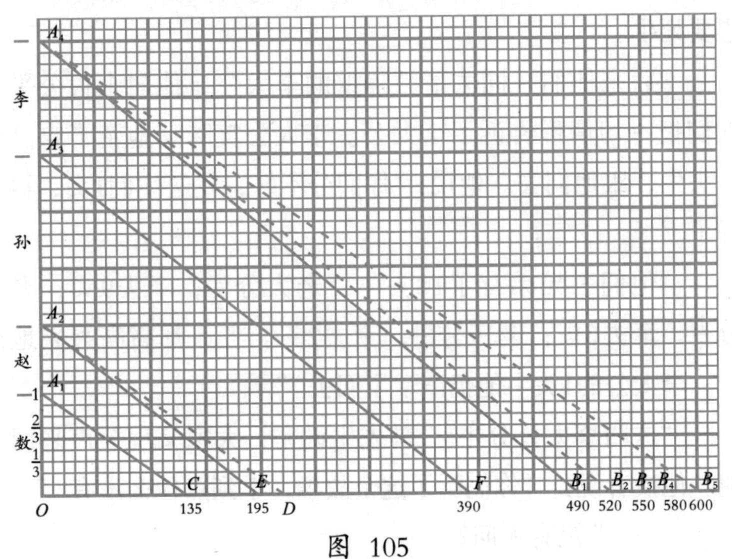

图 105

先取OA_1作钱的1。次取A_1A_2等于OA_1的$\frac{2}{3}$，作为赵的。再取A_2A_3等于OA_2作为孙的。又取A_3A_4等于A_2A_3的$\frac{2}{3}$，作为李的。

在横线上，取OB_1表示490元。B_1B_2表示添给赵的30元。B_2B_3表示添给孙的30元。B_3B_4和B_4B_5表示添给李的30元和20元。

连接A_4B_5作A_1C和它平行，C指135元，是钱所得的。

作A_2D平行于A_1C，由D减去30元，得E。CE表示60元，是

赵所得的。

作A_3F平行于A_2E，EF表示195元，是孙所得的。

作A_4B_2平行于A_3F，由B_2减去30元，正好得出490元的B_1。FB_1表示100元，是李所得的。

至于计算的方法，由作图法，已显示得非常清楚：

$$\left[490^{\text{元}}+30^{\text{元}}+30^{\text{元}}+(30^{\text{元}}+20^{\text{元}})\right]\div\left[1+\frac{2}{3}+\left(1+\frac{2}{3}\right)+\left(1+\frac{2}{3}\right)\times\frac{2}{3}\right]$$

OB_1　B_1B_2　B_2B_3　B_3B_4　B_4B_5　OA_1　A_1A_2　A_2A_3　A_3A_4

$$=600^{\text{元}}\div\frac{40}{9}=135^{\text{元}}$$ 钱所得的

OB_5　OA_4　OC

$$135^{\text{元}}\times\frac{2}{3}-30^{\text{元}}=90^{\text{元}}-30^{\text{元}}=60^{\text{元}}$$ 赵所得的

CD　ED　CE

$$135^{\text{元}}+60^{\text{元}}=195^{\text{元}}$$ 孙所得的

OC　CE　OE（EF）

$$195^{\text{元}}\times\frac{2}{3}-30^{\text{元}}=100^{\text{元}}$$ 李所得的

FB_2　B_1B_2　FB_1

例十三：某人将他所有的存款分给他的三个儿子，幼子得$\frac{1}{9}$，次子得$\frac{1}{4}$，余下的归长子所得。长子比幼子多得38元。这人的存款是多少？三子各得多少？

这个题目是一个同学提出来的，其实和例九只是形式不同罢了。马先生也很仔细地给他讲解，我只将图的作法记在这里。

取OA表示某人的存款1。从A起截去OA的$\frac{1}{4}$得A_1，AA_1表示次子得的。从A_1起截去OA的$\frac{1}{9}$得A_2，A_1A_2表示幼子得的。自然A_2O就是长子所得的了。从A_2截去A_1A_2（$\frac{1}{9}$）得A_3，A_3O表长子比幼子多得的，相当于38元（OB_1）。

连接A_3B_1，作A_2B_2、A_1B_3和AB平行于A_3B_1。某人的存款是72元，长子得46元，次子得18元，幼子得8元。

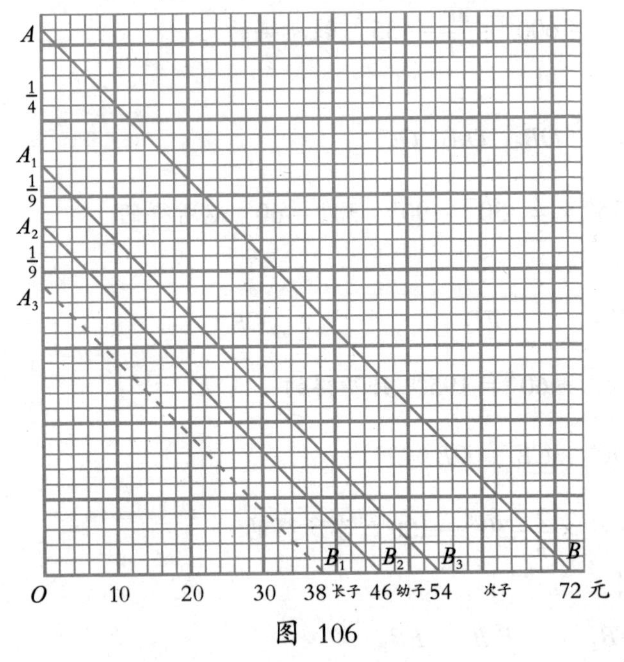

图 106

例十四：弟弟的年龄比哥哥的小3岁，且是哥哥的$\frac{5}{6}$，求各人的年龄是多少？

这题和例六在算理上完全一样。我只把图画在这里，并且将算式写出来。

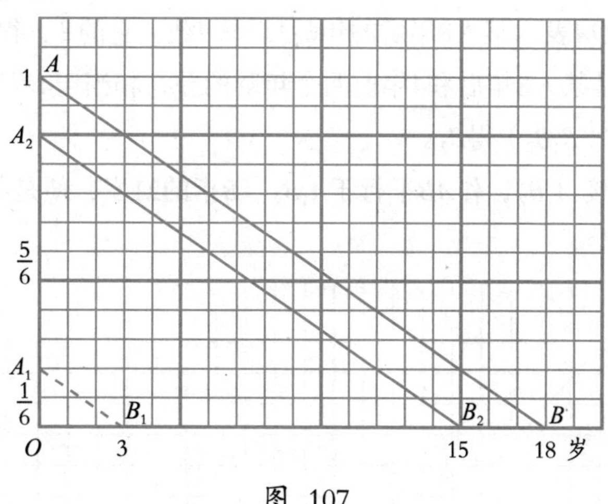

图 107

$3^{岁} \div \left(1 - \frac{5}{6}\right) = 3^{岁} \div \frac{1}{6} = 18^{岁}$ 哥哥的年龄

OB_1　OA　A_1A　　OA_1　OB

$18^{岁} - 3^{岁} = 15^{岁}$ 弟弟的年龄

OB　OB_1（B_2B）OB_2

例十五：某人4年前的年龄，是8年后年龄的$\frac{3}{7}$，求这个人现在的年龄是多少？

要点！要点！马先生写好了题，就叫我们找它的要点。我仔细揣摩一番，觉得题上所给的是某人4年前和8年后两个年纪的关系。

先从这点下手，自然直接一些。周学敏和我的意见相同，他向马先生陈述，马先生也认为对。由这要点，我得出下面的作图法。

取OA表示某人8年后的年龄1。从A截去它的$\frac{3}{7}$，得A_1，则OA_1就是某人8年后和4年前两个年龄的差，相当于4岁（OB_1）加上8岁（B_1B_2）得B_2。

连接 A_1B_2，作AB平行于A_1B_2。B指的21岁，便是某人8年后的年龄。

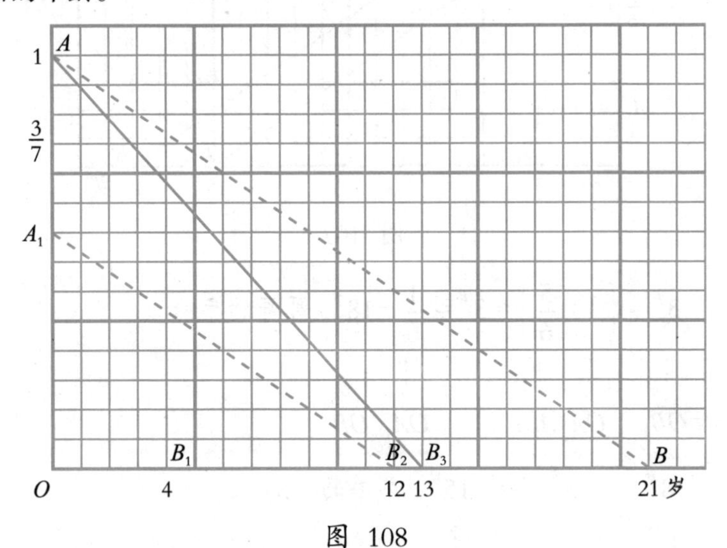

图 108

从B退回8年，得B_3。它指的是13岁，就是某人现在的年龄。4年前，他是9岁，正好是他8年后21岁的$\frac{3}{7}$。

这一来，算法自然有了：

$$(4^{岁}+8^{岁})\div\left(1-\frac{3}{7}\right)-8^{岁}=12^{岁}\div\frac{4}{7}-8^{岁}=21^{岁}-8^{岁}=13^{岁}$$

OB_1 B_1B_2 OA A_1A B_3B OB_2 OA_1 B_3B OB B_3B OB_3

例十六：哥哥比弟弟大8岁，12年后，哥哥年龄比弟弟年龄的$1\frac{3}{5}$倍少10岁，求各人现在的年龄。

“又要来一次李太公分牛了。”马先生这么一说，我就想到，解决本题，得虚加一个数进去。从另一方面设想，哥哥比弟弟大8岁，这个差是一成不变的。

题目上所给的是两兄弟12年后的年龄关系，为了直接一点，自然应当从12年后，他们的年龄着手。假如哥哥比弟弟大10岁，这就是要虚加进去的，那么，在12年后，他的年龄正是弟年龄的$1\frac{3}{5}$倍，不过他比弟弟大的却是18岁了。

作图法是这样：

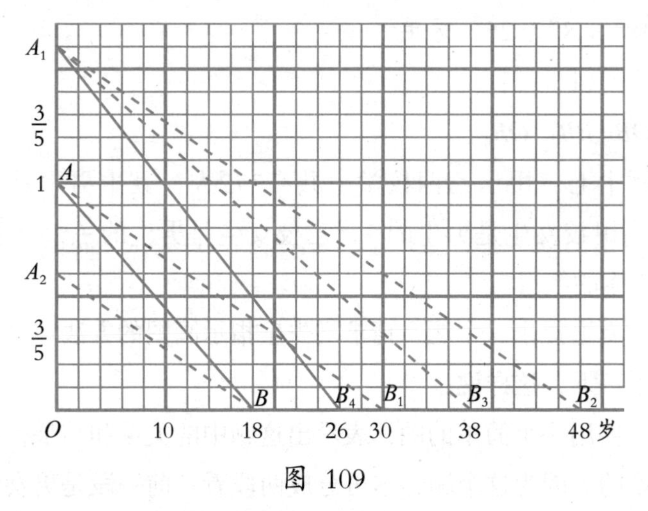

图 109

取OA作12年后弟弟年龄的1。取AA_1等于OA的$\frac{3}{5}$，则OA_1便是12年后，又加上10岁哥哥年龄。取OA_2等于AA_1，它便是12年后，当然也就是现在，哥哥加上10岁时，两人年龄的差，相当于18岁（OB）。

连接A_2B，作AB_1和它平行。B_1指30岁，是弟弟12年后的年龄。从中减去12岁，得B，就是弟弟现在的年龄18岁。

作A_1B_2平行于A_2B。B_2指48岁，是哥哥12年后，又加上10岁的年龄。减去这10岁，得B_3，指38岁，是哥哥12年后的年龄。再减去12岁，得B_4，指26岁，是哥哥现在的年龄。正和弟弟现在的年龄18岁加上8岁相同，真是巧极了！

算法是这样：

$$(8^{岁}+10^{岁})\div\left(1\frac{3}{5}-1\right)-12^{岁}=18^{岁}\div\frac{3}{5}-12^{岁}=30^{岁}-12^{岁}=18^{岁}\ 弟年$$

OB　OA_1 A_1A_2 (OA) BB_1　OB_1 BB_1 OB

$$18^{岁}+8^{岁}=26^{岁}\ 哥年$$

OB　BB_4　OB_4

例十七：甲、乙两校学生共有372人，其中男生是女生的$\frac{35}{27}$。甲校女生是男生的$\frac{4}{5}$，乙校女生是男生的$\frac{7}{10}$，求两校男女学生的数目。

王有道提出这个题，请求马先生指示画图的方法。马先生犹豫了一下，这样说：

“要用一个简单的图，表示出这题中的关系和结果，这是很困难的。因为这个题，本可分成两段看：前一段是男女学生总人数的关系；后一段只说各校中男女学生人数的关系。”

“既然不好用一个图表示，就索性不用图吧！现在我们不妨化大事为小事，再化小事为无事。第一步，先解决题目的前一段，两校的女生共多少人？”

这当然是很容易的：

$$372^{人} \div \left(1+\frac{35}{27}\right)=372^{人} \div \frac{62}{27}=162^{人}$$

“男生共多少？”马先生见我们得出女生的人数以后问。

不用说，这更容易了：

$372^{人}-162^{人}=210^{人}$

“好！现在题目已化得简单一点了。我们来做第二步，为了说起来方便一些，我们说甲校学生的数目是甲，乙校学生的数目是乙。再把题目更改一下，甲校女生是男生的$\frac{4}{5}$，那么，女生和男生各占全校的几分之几？”

王有道回答说：把甲校的学生看成1，因为甲校女生是男生的$\frac{4}{5}$，所以男生所占的分数是：

$$1 \div \left(1+\frac{4}{5}\right)=1 \div \frac{9}{5}=\frac{5}{9}$$

女生所占的分数是：

$$1-\frac{5}{9}=\frac{4}{9}$$

王有道回答完以后，马先生说：“其实用不着这样小题大做。题目上说，甲校女生是男生的$\frac{4}{5}$，那么甲校如果有5个男生，应当有几个女生？”

“4个。”周学敏回答。

“好！一共是几个学生？”

“9个。”周学敏又回答。

“这不是甲校男生占$\frac{5}{9}$，甲校女生占$\frac{4}{9}$了吗？那么乙校的呢？”

“乙校男生占$\frac{10}{17}$，乙校女生占$\frac{7}{17}$。”还没等周学敏回答，我就说。

马先生说："这么一来，我们可以把题目改成这样了：

"（1）甲的$\frac{5}{9}$同乙的$\frac{10}{17}$，共是210；（2）甲的$\frac{4}{9}$和乙的$\frac{7}{17}$，共是162。甲、乙各是多少？"

到这一步，题目自然比较简单了，但是算法，我还是想不清楚。

"再单就（1）来想想看。"马先生说，"化大事为小事，$\frac{5}{9}$的分子5，$\frac{10}{17}$的分子10，同是210，都可用什么数除尽？"

"5！"两三个人高声回答。

"就拿这个5去把它们都除一下，结果怎样？"

"变成甲的$\frac{1}{9}$，同乙的$\frac{2}{17}$，共是42。"王有道回答。

"你们再用4分别去乘它们。"

"变成甲的$\frac{4}{9}$，同乙的$\frac{8}{17}$，共是168。"周学敏说。

"把这结果和上面的（2）比较一下，你们应当可以得出计算方法来了。今天费去的时间很久，你们自己去把结果算出来吧！"说完，马先生带着疲倦走出了教室。

对于（1）为什么先用5去除，再用4去乘，我原来不明白。后来，把这最后的结果和（2）比较一看，这才恍然大悟，原来两个当中的甲都是$\frac{4}{9}$了。先用5除，是找含有甲的$\frac{1}{9}$的数，再用4乘，便是使这结果所含的甲和（2）所含的相同。甲的是相同了，但乙的还不相同。

转个念头，我就想到：

168当中，含有$\frac{4}{9}$个甲，$\frac{8}{17}$个乙。

162当中，含有$\frac{4}{9}$个甲，$\frac{7}{17}$个乙。

如果把它们，一个对着一个相减，那就得：

$168-162=6$

$\frac{4}{9}$个甲减去$\frac{4}{9}$个甲，结果没有甲了。

$\frac{8}{17}$个乙减去$\frac{7}{17}$个乙，还剩$\frac{1}{17}$个乙。——它正和人数相当。所以：

$6^{人}\div\frac{1}{17}=102^{人}$——乙校的学生数。

$372^{人}-102^{人}=270^{人}$——甲校的学生数。

这结果，是否可靠，我有点不敢判断，只好检查一下：

$270^{人}\times\frac{5}{9}=150^{人}$——甲校男生，

$270^{人}\times\frac{4}{9}=120^{人}$——甲校女生；

$102^{人}\times\frac{10}{17}=60^{人}$——乙校男生，

$102^{人}\times\frac{7}{17}=42^{人}$——乙校女生。

$150^{人}+60人=210^{人}$——两校男生，

$120^{人}+42人=162^{人}$——两校女生。

最后的结果，和前面第一步所得出来的完全一样，看来我不用再怀疑了！

24 显出原形

今天所讲的是前面所说的第三类，单纯关于分数自身变化的问题，大都是在某一些条件下，找出原分数来，所以，我就给它起一个标题“显出原形”。

“先从前面举过的例子说起。”马先生说了这么一句，就在黑板上写出：

例一：有一分数，其分母加1，则可约为$\frac{3}{4}$；其分母加2，则可约为$\frac{2}{3}$，求原分数。

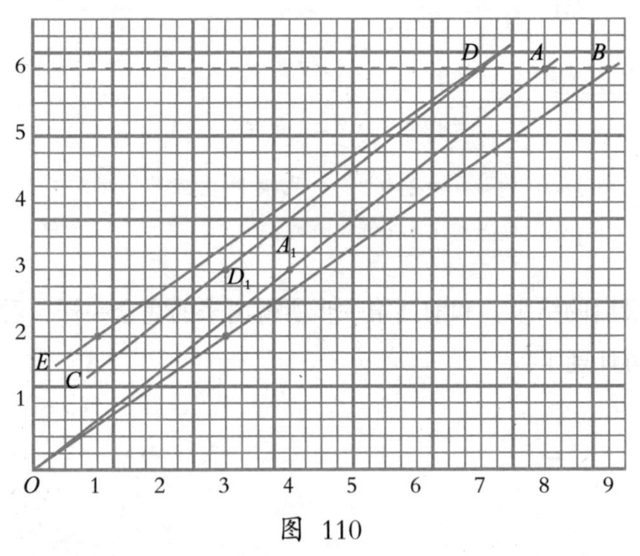

图 110

“有理无理，从画线起。”马先先生这样说，就叫各人把表示$\frac{3}{4}$和$\frac{2}{3}$的线画出来。我们只好遵命照办，画OA表示$\frac{3}{4}$，OB表示$\frac{2}{3}$。画完后，就束手无策了。

“很简单的事情，往往会想得复杂起来，弄得此路不通。”马先生的微笑着说，“OA表示$\frac{3}{4}$，不错，但$\frac{3}{4}$是哪儿来的呢？我替你们回答吧，是原分数的分母加上1来的。假使原分母不加上1，画出来当然不是OA了。

“现在，我们来画一条和OA相距1的平行线CD。CD如果表示分数，那么，它和OA上所表示的分数分子相同，如D_1和A_1（分子都是3），它们俩的分母有怎样的关系？”

“相差1。”我回答。

“这两条直线上所有的同分子分数，它们俩的分母间的关系都一样吗？”

“都一样！”周学敏回答。

“可见我们要求的分数总在CD线上。对于OB来说又应当怎样呢？”

“作ED和OB平行，两者之间相距2。”王有道说。

“对的！原分数是什么？”

“$\frac{6}{7}$，就是D点所表示的。”大家都非常高兴。

“和它分子相同，OA线所表示的分数是什么？”

“$\frac{6}{8}$，就是$\frac{3}{4}$。”周学敏说。

“OB线所表示的同分子的分数呢？”

“$\frac{6}{9}$，就是$\frac{2}{3}$。”我说。

“这两个分数的分母与原分数的分母比较有什么区别？”

“一个多1，一个多2。”由此可见，所求出的结果是不容怀疑的了。

这个题的计算法，马先生叫我们这样想：

“分母加上1，分数变成了$\frac{3}{4}$，分母是分子的多少倍？”

我想，假如分母不加1，分数就是$\frac{3}{4}$，那么，分母当然是分子的$\frac{4}{3}$倍。由此可知，分母是比分子的$\frac{4}{3}$差1。对了，由第二个条件说，分母比分子的$\frac{3}{2}$少2。

两个条件拼凑起来，便得：分子的$\frac{4}{3}$和$\frac{3}{2}$相差的是2和1的差。所以：

$$(2-1)\div\left(\frac{3}{2}-\frac{4}{3}\right)=1\div\frac{1}{6}=6\text{——分子}$$

DB *DA* 09 08 *AB* 8-9

$$6\times\frac{4}{3}-1=8-1=7\text{——分母}$$

例二：有一个分数，分子加1，则可约成$\frac{2}{3}$；分母加1，则可约成$\frac{4}{2}$，求原分数。

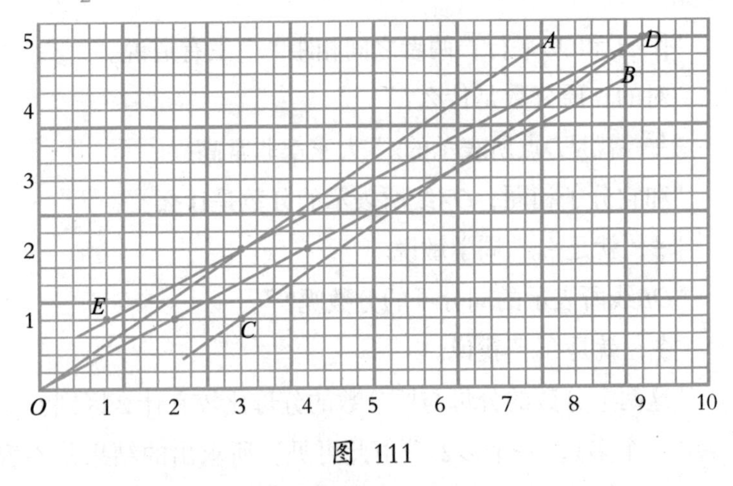

图 111

这次，又用得着依样画葫芦了。先作*OA*和*OB*分别表示$\frac{2}{3}$和$\frac{1}{2}$。再在纵线*OA*的下面，和它距1，作平行线*CD*。又在*OB*的左边，和它距1，作平行线*ED*，同*CD*交于*D*。

D指出原分数是$\frac{5}{9}$。分子加1，成$\frac{6}{9}$，即$\frac{2}{3}$；分母加1，成$\frac{5}{10}$，即$\frac{1}{2}$。

由第一个条件，知道分母比分子的$\frac{3}{2}$倍“多”$\frac{3}{2}$。

由第二个条件，知道分母比分子的2倍“少”1。

所以：

$$\left(\frac{3}{2}+1\right)\div\left(2-\frac{3}{2}\right)=\frac{5}{2}\div\frac{1}{2}=5\ \text{是分子}$$

$$5\times\frac{3}{2}+\frac{3}{2}=\frac{15}{2}+\frac{3}{2}=\frac{18}{2}=9\ \text{是分母}$$

例三：某分数，分子减去1，或分母加上2，都可约成$\frac{1}{2}$，原分数是什么？

这个题目，真是奇妙！就做法上说：因为分子减去1或分母加上2，都可约成$\frac{1}{2}$。和前两题比较，表示分数的两条线OA、OB，当然并成了一条OA。又因为分子是“减去”1，作OA的平行线CD时，就得和前题相反，需要画在OA的上面。

然而这么一来，却使我有些迷糊了。依第二个条件所作的线，也就是CD，方法没有错，但结果呢？

马先生看我们做好图以后，这样问：“你们求出来的原分数是什么？”

我真不知道怎样回答，周学敏却回答是$\frac{3}{4}$。这个答数当然是对的。

图中的E_2指示的就是$\frac{3}{4}$，并且分子减去1，得$\frac{2}{4}$，分母加上2，得$\frac{3}{6}$，约分后都是$\frac{1}{2}$。但E_1所指示的$\frac{2}{2}$，分子减去1得$\frac{1}{2}$，分母加上2得$\frac{2}{4}$，约分后也是$\frac{1}{2}$。还有E_3所指的$\frac{4}{6}$，E_4所指的$\frac{5}{8}$，都是合于题中的条件的。为什么这个题会有这么多答

案呢?

马先生听了周学敏的回答，便问:“还有别的答数没有?”

大家你说一个，他说一个，把$\frac{2}{2}$、$\frac{4}{6}$和$\frac{5}{8}$都说了出来。最奇怪的是，王有道回答一个$\frac{11}{20}$。不错，分子减去1得$\frac{10}{20}$，分母加上2得$\frac{11}{22}$，约分以后，都是$\frac{1}{2}$。

我的图画得小了一点，在上面找不出来。不过王有道的图，比我的也大不了多少，上面也没有指示！这一点。他从什么地方得出来的呢?

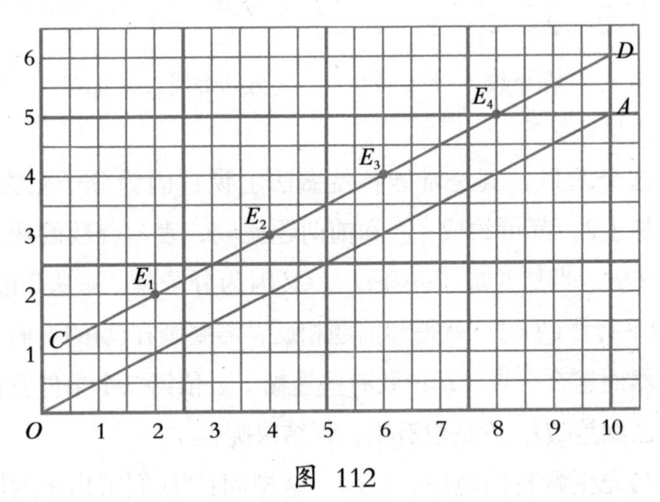

图 112

马先生似乎也觉得奇怪，问王有道：“这$\frac{11}{20}$，你从什么地方得出来的?”

“偶然想到的。”他这样回答。在他也许是真情，在我却感到失望。只好静候马先生来解答这个谜了。

“这个题，你们已说出了五个答数。”马先生说：“其实你们要多少个都有，比如说，$\frac{6}{10}$，$\frac{7}{12}$，$\frac{8}{14}$，$\frac{9}{16}$，$\frac{10}{18}$……都是。你们以前没有碰到过这样的事，所以会觉得奇怪，是不是?但有这样的事，自然就应当有这样的理。无论多么怪的事，我们把它弄明白以后，它就变得极平常了。

“现在，你们试把你们和我说过的答数，依着分母的大小，顺次排序。”

遵照马先生的话，我把这些分数排起来，得到这样一串：

$\frac{2}{2}$，$\frac{3}{4}$，$\frac{4}{6}$，$\frac{5}{8}$，$\frac{6}{10}$，$\frac{7}{12}$，$\frac{8}{14}$，$\frac{9}{16}$，$\frac{10}{18}$，$\frac{11}{20}$

我马上就看出来：

第一，分母是一串连续的偶数。

第二，分子是一串连续的整数。

照这样推下去，当然$\frac{12}{22}$、$\frac{13}{24}$、$\frac{14}{26}$……都对，真像马先生所说的“要多少个都有”。我所看出来的情形，大家一样看了出来。

马先生问明白大家以后，这样说：“现在你们可算已看到‘有这样的事’了，我们应当进一步来找所以‘有这样的事’的‘理’。不过你们姑且把这问题先放在一旁，先讲本题的计算法。”

接着前两个题看下来，这是很容易的。

由第一个条件，分子减去1，可约成$\frac{1}{2}$，可见分母等于分子的2倍少2。

由第二个条件，分母加上2，也可约成$\frac{1}{2}$，可见分母加上2等于分子的2倍。

到了这一步，我才恍然大悟，感到了“拨云雾见青天”的快乐！原来半斤和八两没有两样。这两个条件，“分母等于分子的2倍少2”和“分母加上2等于分子的2倍”，其实只是一个，“分子等于分母的一半加上1”。

前面所举出的一串分数，都合于这个条件。因此，那一串分数的分母都是“偶数”，而分子是一串连续的整数。这样一来，随便用一个“偶数”做分母，都可以找出一个符合题意的分数来。

例如，用100做分母，它的一半是50，加上1，是51，即$\frac{51}{100}$，分子减去1，得$\frac{50}{100}$；分母加上2，得$\frac{51}{102}$。约分下来，它们都是$\frac{1}{2}$。

假如，我们用“整数的2倍”表示“偶数”，这个题的答数，就是一个这样形式的分数：

$$\frac{\text{某整数}+1}{2\times\text{某整数}}$$

这个情形，从图上怎样解释呢？我想起了在交差原理中有这样的话：

“两线不止一个交点会怎么样？”

“那就是不止一个答案……”

这里，两线合成了一条，自然可以说有无穷的交点，而答案也是无数的了。把它弄明白以后，它就变得非常平常了。

例四：从$\frac{15}{23}$的分母和分子中减去同一个数，则可约成$\frac{5}{9}$，求所减去的数。

因为题目说的有两个分数，我们首先就把表示它们的两条直线OA和OB画出来。A点所指的就是$\frac{15}{23}$。题目上说的是从分母和分子中减去同一个数，可约成$\frac{5}{9}$，我就想到在OA的上、下都画一条平行线，并且它们距OA相等。

这下我又走入迷魂阵了！减去的是什么数还不知道，这平行线，怎样画呢？大家都发现了这个难点，最终还是由马先生来解决。

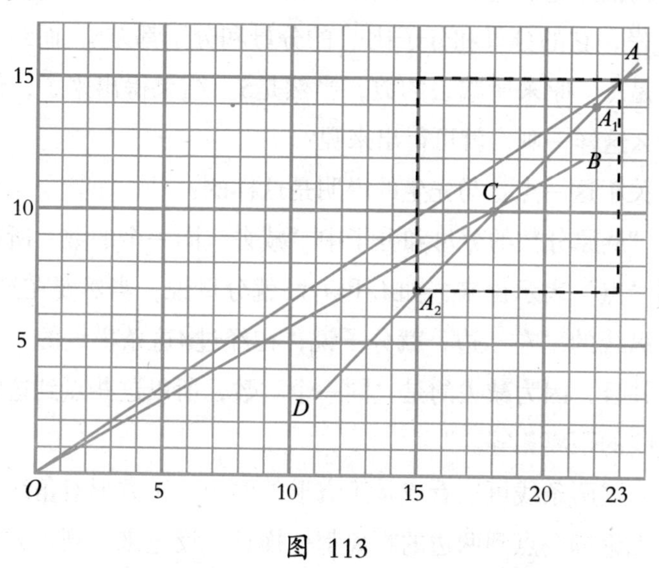

图 113

“这回不能依样画葫芦了。”马先生说，“假如你们已经知道了减去的数，照抄老文章，怎样画法？”

我把我所想到的说了出来。马先生接着说：“这条路走错了，会越走越黑的。现在你来实验一下。实验和观察，是研究一切科学的初步工作，许多发明都是从实验中产生的。假如从分母和分子中各减去1，得什么？”

“$\frac{14}{22}$。”我回答。

“各减去8呢？”

“$\frac{7}{15}$。”我再答道。

“你把这两个分数在图上记出来，看它们和指示 $\frac{15}{23}$ 的A点，有什么关系？”

我点出A_1和A_2，一看，它们都在经过小方格的对角线AD上。我就把它们连起来，这条直线和OB交于C点。C所指的分数是$\frac{10}{18}$，它的分母和分子比$\frac{15}{23}$的分母和分子都差5，而约分以后正是$\frac{5}{9}$。原来所减去的数，当然是5。结果得出来了，但是为什么这样一画，就可得出来呢？

关于这一点，马先生的说明是这样的：

“从原分数的分母和分子中‘减去’同一个的数，所得的数用‘点’表示出来，如A_1和A_2。就分母说，当然要在经过A这条纵线的‘左’边；就分子说，在经过A这条横线的‘下’面。并且，因为减去的是‘同一个’数，所以这些点到这纵线和横线的距离相等。”

“这两条线可以看成是正方形的两边。正方形对角线上的点，无论哪一点到两边的距离都一样长。反过来，到正方形的两边距离一样长的点，也都在这条对角线上，所以我们只要画AD这条对角线就行了。”

“它上面的点到经过A的纵线和横线距离既然相等，则这点所表示的分数的分母和分子与A点所表示的分数的分母和分子，所差的当然相等了。”

现在转到本题的算法。分母和分子所减去的数相同，换句话说，便是它们的差是一定的。这一来，就和第八节中所讲的年龄的关系相同了。我们可以设想为：

哥哥23岁，弟弟15岁，若干年前，哥哥年龄是弟弟年龄的$\frac{9}{5}$（因为弟弟年龄是哥哥年龄的$\frac{5}{9}$）。它的算法便是：

$$15-(23-15)\div\left(\frac{9}{5}-1\right)=15-8\div\frac{4}{5}=15-10=5$$

例五：有大小两数，小数是大数的$\frac{2}{3}$。如果两数各加10，则小数为大数的$\frac{9}{11}$，求各数。

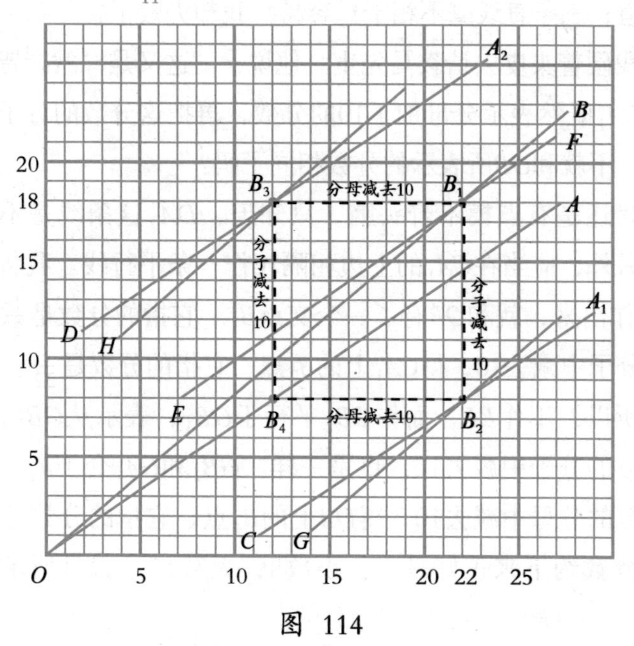

图 114

“用这个容易的题目来结束分数四则问题，你们自己先画个图看。”马先生说。

听到“容易”这两个字，反而使我感到有点莫名其妙了。我先画OA表示$\frac{2}{3}$，又画OB表示$\frac{9}{11}$。按照题目所说的，小数是大数的$\frac{2}{3}$，我就把小数看成分子，大数看成分母，这个分数可约成$\frac{2}{3}$。两数各加上10，则小数为大数的$\frac{9}{11}$。

这就是说，原分数的分子和分母各加上10，则可约成$\frac{9}{11}$。再在OA的右边，相隔10作CA_1和它平行。又在OA的上面，相隔10作DA_2和它平行。

我想CA_1表示分母加了10，DA_2表示分子加了10，它们和OB一定有什么关系，可以用这个关系找出所要求的答案。哪里知道，三条直线毫不相干！容易！我却失败了！

我硬着头皮去请教马先生。他说："这又是'六窍皆通'了。CA_1既然表示分母加了10的分数，再把这分数的分子也加上10，不就和OB所表示的分数相同了吗？"

我还是有点摸不着头脑，只知道，DA_2这条线是不必画的。另外，应当在CA_1的上边相隔10作一条平行线。我将这条线EF作出来，就和OB有了一个交点B_1。它指的分数是$\frac{18}{22}$，从它的分子中减去10，得CA_1上的B_2点，它指的分数是$\frac{8}{22}$。

所以，不作EF，而作GB_2平行于OB_1，表示从OB所表示的分数的分子中减去10，也是一样。GB_2和CA_1交于B_2，又从这分数的分母中减去10，得OA上的B_4点，它指的分数是$\frac{8}{12}$。这个分数约下来正好是$\frac{2}{3}$。小数8，大数12，就是所求的答案了。

其实，从图上看来，DA_2这条线也未尝不可用。EF也和它平行，在EF的左边相隔10。DA_2表示原分数的分子加上10的分数，EF就表示这个分数的分母也加上10的分数。自然，这也就是B_1点所指的分数$\frac{18}{22}$了。

从B_1的分母中减去10得DA_2上的B_3，它指的分数是$\frac{18}{12}$。由B_3指的分数的分子中减去10，还是得B_4。本来如果不作EF，而在OB的左边相距10，作HB_3和OB平行，交DA_2于B_3也可以。这可真算是左右逢源了。

计算法，倒是容易：两数各加上10，则小数为大数的$\frac{9}{11}$。换句话说，便是小数加上10等于大数的$\frac{9}{11}$加上10的$\frac{9}{11}$。而小数等于大数的$\frac{9}{11}$，加上10的$\frac{9}{11}$，减去10。

但由第一个条件说，小数只是大数的$\frac{2}{3}$。可知，大数的$\frac{9}{11}$和它的$\frac{2}{3}$的差，是10和10的$\frac{9}{11}$差。所以：

$$\left(10-10\times\frac{9}{11}\right)\div\left(\frac{9}{11}-\frac{2}{3}\right)=\left(10-\frac{90}{11}\right)\div\left(\frac{9}{11}-\frac{2}{3}\right)$$

$$=\frac{20}{11}\div\frac{5}{33}=12\ \text{是大数}$$

$$12\times\frac{2}{3}=8\ \text{是小数}$$

25 从比到比例

“这次我们又要换一个其他类型的题目了。”马先生走进课堂就说，“我先问你们，什么叫做‘比’？”

“‘比’就是‘比较’。”周学敏说。

“那么，王有道比你高，李大成比你胖，我比你年纪大，这些都是比较，也就都是你所说的‘比’了？”马先生说。

“不是的。”王有道说，“‘比’是说一个数或量是另一个数或量的多少倍或几分之几。”

“对的，这种说法是对的。不过按照前面我们说过的，如果把倍数的意义放宽一些，一个数的几分之几，和一个数的多少倍，本质上没有什么差别。”马先生说。

依照这种说法，我们当然可以说，一个数或量是另一个数或量的多少倍，这就称为它们的比。求倍数用的是除法，现在我们将除法、分数和“比”，这三项进行一个比较，可以得出下表：

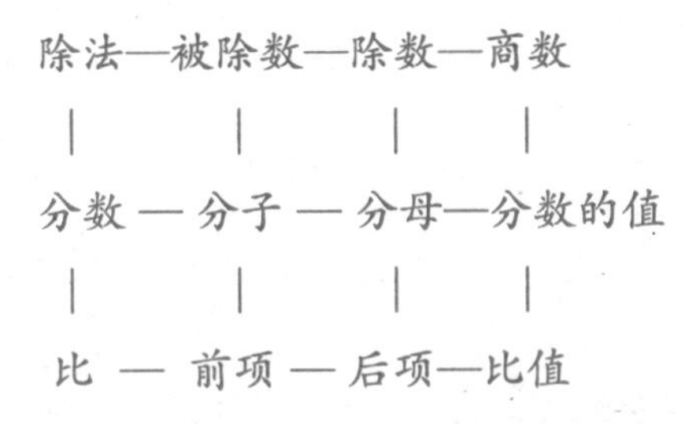

“这样一来，‘比’的许多性质和计算法，都可以从除法

和分数中推演出来了。”

马先生讲明了“比”的意义，停顿了一下，看看大家都没有什么疑问，接着又问：“比例是什么？”

“四个数或量，如果两个两个所成的比相等，就说这四个数或量成比例。”王有道回答。

“那么，成比例的四个数，用图线表示是什么情形？”马先生对于王有道的回答，大概是默许了。

“一条直线。”我想着，“比”和分数相同，两个“比”相等，自然和两个分数相等一样，它们应当在一条直线上。

“不错！”马先生说，“我们还可以说，一条直线上的任意两点，到纵线和横线的长总是成比例的。”

接着他又说：“四个数或量所成的比例，我们把它叫做简比例。简比例有几种？”

“两种：正比例和反比例。”周学敏回答。

“正比例和反比例有什么不同？”马先生问。

“四个数或量所成的两个比相等的，叫它们成正比例。一个比和另外一个比的倒数相等的，叫它们成反比例。”周学敏回答。

“反比例，我们暂且放下。单看正比例，你们举一个例子出来看。”马先生说。

“比如一个人，每小时走6里路，2小时就走12里，3小时就走18里。时间和距离同时变大、变小，它们就成正比例。”王有道说。

“对不对？”马先生问。

“对！”好几个人回答。我也觉得是对的，不过因为马先生既然提了出来，我想着一定有什么不妥，所以没有说话。

“对是对的，不过欠精密一点。”马先生批评说，“譬如，一个数和它的平方数，1和1，2和4，3和9，4和16……都是同时变大、变小，它们成正比例吗？”

“不！”周学敏说，“因为1比1是1，2比4是$\frac{1}{2}$，3比9是$\frac{1}{3}$，4比16是$\frac{1}{4}$……全不相等。”

“由此可见，四个数或量成正比例，不单是成比的两个数或量同时变大、变小，还要所变大或变小的倍数相同。这一点是一般人常常忽略了的，所以他们常常会乱用‘成正比例’这个词。比如说，圆周和圆面积都是随着圆的半径一同变大、变小的，但圆周和圆半径成正比例，而圆面积和圆半径就不成正比例。”

关于正比例的计算，马先生说，因为都很简单，不再举例，他只把可以看出正比例的应用的计算法提出来。

第一，关于寒暑表的计算。

例一：摄氏寒暑表上的20度，是华氏寒暑表上的几度？

“这个题目的要点是什么？”马先生问。

“两种表上的度数成正比例。”周学敏回答。

“还有呢？”马先生又问。

“摄氏表的冰点是零度，沸点是100度；华氏表的冰点是32度，沸点是212度。”一个同学回答。

“那么，它们两个的关系怎样用图线表示呢？”马先生问。

这本来没有什么困难，我们想一下就都会画了。纵线表示华氏的度数，横线表示摄氏的度数。因为从冰点到沸点，它们度数的比是：

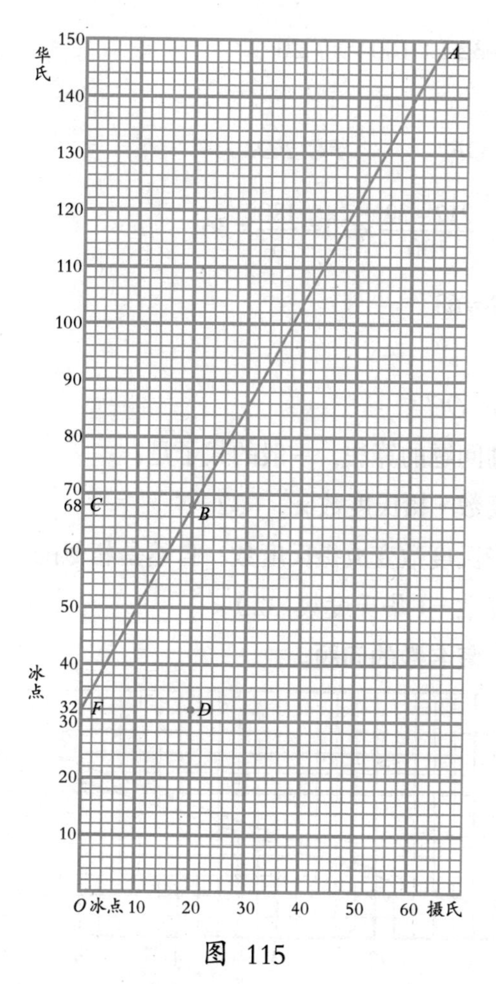

图 115

（212-32）：100=180：100=9：5

所以，从华氏的冰点F起，依照纵9横5的比画FA线，表明的就是它们的关系。

从20摄氏度，往上看得B点，由B横看得华氏的68度，这就是所求度数。用比例计算就是：

$(212-32):100=x:20$

OF　　　FC　FD

$\therefore\quad x=\frac{212-32}{100}\times 20=\frac{180}{5}=36,$

$36+32=68$

FC　OF　OC

照四则问题的算法，一般的式子是：

华氏度数 $=$ 摄氏度数 $\times\frac{9}{5}+32$

要由华氏度数变成摄氏度数，自然是相似的了：

摄氏度数 $=$（华氏度数 -32）$\times\frac{5}{9}$

第二，复名数的问题。

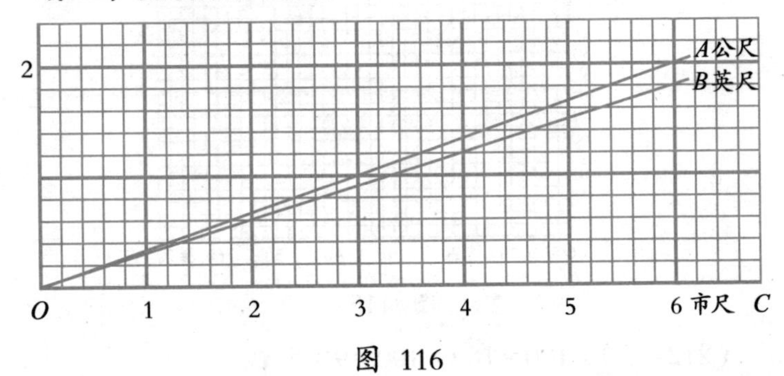

图 116

对于复名数，马先生说，不同的制度互化，也只是正比例的问题。例如公尺[①]、市尺[②]和英尺[③]的关系，如果用图116表示

①. 国际单位制基本长度单位，1 公尺 =1 米。

②. 市制长度的主单位，1 市尺 =0.333 米。

③. 是英国及其前殖民地和英联邦国家使用的长度单位，1 英尺 =0.3048 米。

出来，那真是一目了然。图中的*OA*表示公尺，*OB*表示英尺，*OC*表示市尺。3市尺等于1公尺，而3英尺比1公尺还差一些。

第三，百分法。

例一：通常的20磅[①]火药中，有硝石15磅，硫黄2磅，木炭3磅，这三种原料各占火药的百分之几？

马先生叫我们先把这三种原料各占火药的几分之几计算出来，并且画图表明。这自然是很容易的：

硝石：$\frac{15}{20}=\frac{3}{4}$，硫黄：$\frac{2}{20}=\frac{1}{10}$，木炭：$\frac{3}{20}$

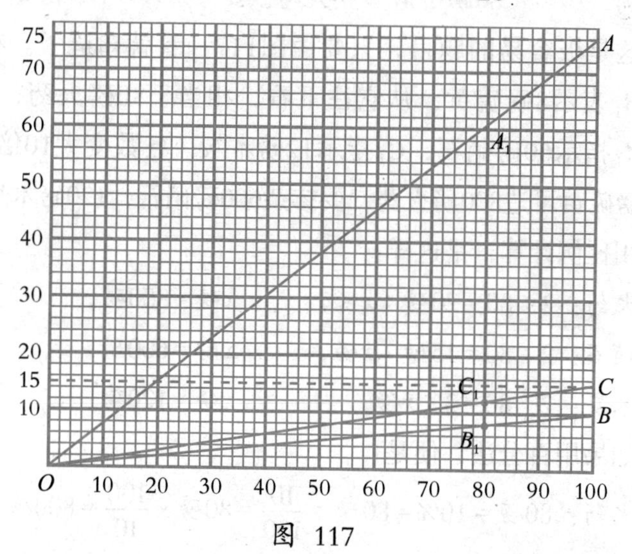

图 117

在图117上，*OA*表示硝石和火药的比，*OB*表示硫黄和火药的比，*OC*表示木炭和火药的比。

“将这三个分数的分母都化成一百，各分数怎样？”我们将图画好以后，马先生问。这也是很容易的：

①．英美制重量单位，1 磅 =0.4536 公斤。

硝石：$\frac{3}{4}=\frac{75}{100}$，硫黄：$\frac{1}{10}=\frac{10}{100}$，木炭：$\frac{3}{20}=\frac{15}{100}$

这三个分数，就是A、B、C三点所指示出来的。

“百分数，就是分母固定是100的分数，所以关于百分数的计算，和分数的以及比的计算也没有什么不同。子数就是比的前项，母数就是比的后项，百分率不过是用100做分母时的比值。”马先生把百分法和比这样比较，自然百分法只是比例的应用了。

例二：硫黄80磅可造多少火药？要掺杂多少硝石和木炭？

这是极容易的题目，只要由图117一看就知道了。在OB上，B_1表示8磅硫黄，从它往下看，相当于80磅火药；往上看，A_1指示60磅硝石，C_1指示12磅木炭。各数变大10倍，便是80磅硫黄可造800磅火药，要掺杂600磅硝石，120磅木炭。

用比例计算，是这样：

火药：$2:80=20$磅$:x$磅，　　x磅$=800$磅，

硝石：$2:80=15$磅$:x$磅，　　x磅$=600$磅，

木炭：$2:80=3:x$磅，　　x磅$=120$磅

如果用百分法，便是：

火药：80磅$\div 10\%=80$磅$\div\frac{10}{100}=80$磅$\times\frac{100}{10}=800$磅。

这是求母数。

硝石：800磅$\times 75\%=800$磅$\times\frac{75}{100}=600$磅，

木炭：800磅$\times 15\%=800$磅$\times\frac{15}{100}=120$磅

这都是求子数。

用比例和用百分法计算，实在没有什么两样。不过习惯了

的时候，用百分法比较简单一点罢了。

例三：定价4元的书，如果加价4成售卖，卖价是多少？

这题的作图法，起先我以为很容易，但一动手，就感到困难了。OA线表示$\frac{40}{100}$，我是会作的。

但是，由它只能看出售价是1元加0.4元（A_1），2元加0.8元（A_2），3元加1.2元（A_3）和4元加1.6元（A）。固然，由此可以知道1元要卖1.4元，2元要卖2.8元，3元要卖4.2元，4元要卖5.6元。但这是算出来的，图上却找不到。

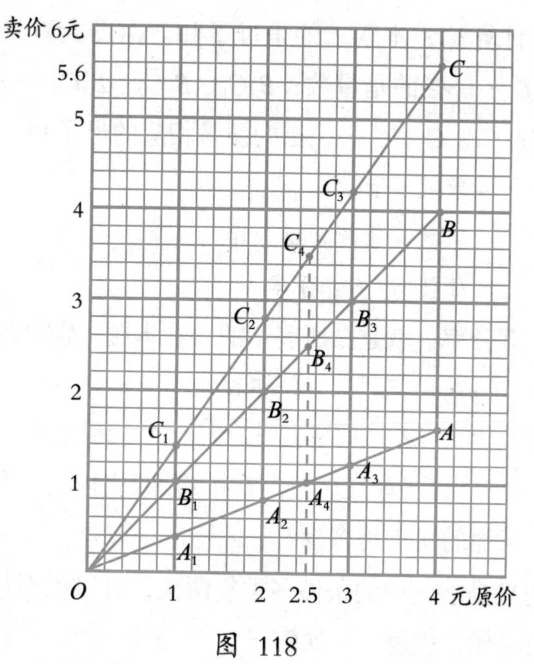

图 118

我照这些卖价作成C_1、C_2、C_3和C各点，把它们连起来，得直线OC。由OC上的C_4看，卖价是3.5元。往下看到OA上的A_4，加的是1元。再往下看，原价是2.5元。这些都是合题的。线大概是做对了，不过对于作法，我总觉得不可靠。

周学敏和其他两个同学都和我犯同样的毛病，王有道怎样我不知道。他们拿这问题去问马先生，马先生的回答是："你们是想把原价加到所加的价上面去，弄得没有办法了。不妨反过来，先将原价表出，再把所加的价加上去呢？"

原价本来在横线上表示得很清楚，怎样再来表示呢？我闷着头想，忽然想到了！要另外表示，是照原价卖的卖价。这便成为1就是1，2就是2，我就作了OB线。再把OA所表示的往上一加，就成了OC。OC仍旧是OC，这作法却有了根了。

至于计算法，本题求的是母子和。由图上看得很明白，B_1、B_2、B_3……指的是母数；B_1C_1、B_2C_2、B_3C_3……指的是相应的子数；C_1、C_2、C_3……指的便是相应的母子和。即：

母子和＝母数＋子数

＝母数＋母数×百分率

＝母数（1＋百分率）

一加百分率，就是C_1所表示的。在本题，卖价是：

$4^{元}\times(1+0.4)=4^{元}\times1.4=5.6^{元}$。

例四：上海某公司货物，按照定价加2成售卖。运到某地需要加运费5成，某地商店按照成本再加2成售卖。上海定价50元的货，某地的卖价是多少？

本题只是前题中的条件多重复两次，可以说不难。但我动手作图的时候，就碰了一次钉子。

我先作OA表示20%的百分率，OB表示母数1，OC表示上海的卖价，这些和前题完全相同，当然一点不费力。

运费是按照卖价加5成，我作OD表示50%的百分率以后，却迷惑了，不知道怎样将这5成运费加到卖价OC上去。要是去请教马先生，他一定要说我“六窍皆通”了。不止我一个人，大家都一样，一边用铅笔在纸上画，一边低着头想。

母数！母数！对于运费来说，上海的卖价不就成了母数吗？“天下无难事，只怕想不通”。这一点想通了，真是再简单不过。将OD所表示的百分率，加到OB所表示的母数上去，得OE线，它所表示的便是成本。

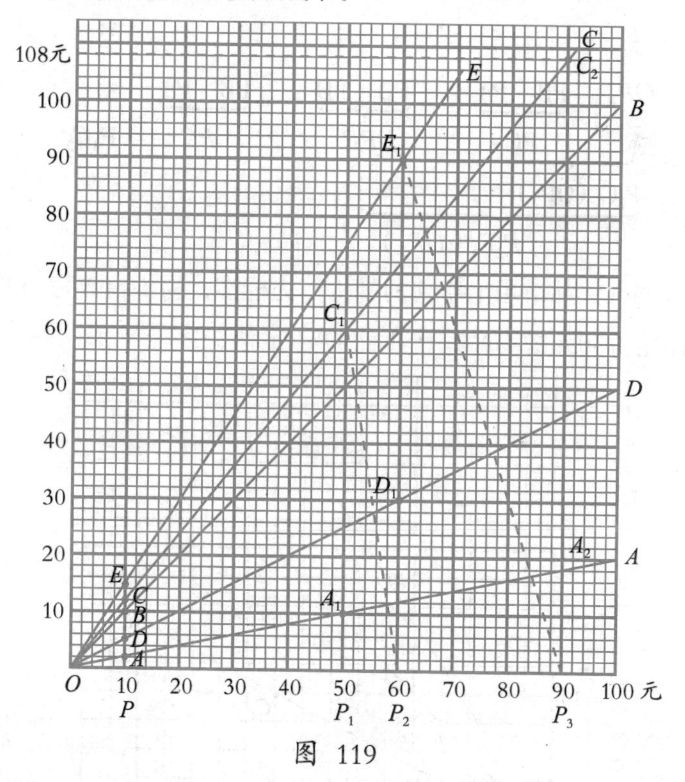

图 119

把成本又作母数，再加2成，仍然由OC线表示，这就成了某地的卖价。

是的！50元（OP_1），加2成10元（P_1A_1），上海的卖价是60元（P_1C_1）。

60元作母数，OP_2加运费5成30元（P_2D_1），成本是90元（P_2E_1）。

90元作母数，OP_3加2成18元（P_3A_2），某地的卖价是108元（P_3C_2）。

算法是很容易的，将它和图对照起来，真是有趣极了！

$$50\times(1+0.20)\times(1+0.50)\times(1+0.20)=108$$

OP_1　PB　PA　PB　PD　PB　PA

PC　PE　PC　P_3C_2

$\mathrm{P_1C_1}\,(\mathrm{OP_2})$

$P_2E_1\,(OP_3)$

例五：某市用十年前的物价作为标准，物价指数是150%。现在定价30元的物品，十年前的定价是多少？

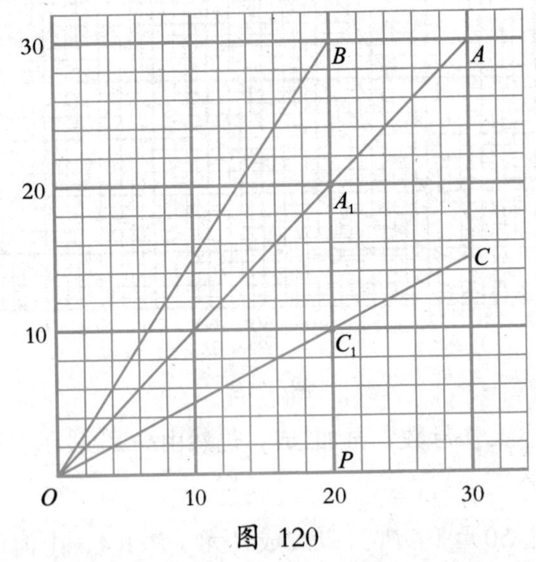

图　120

“物价指数”是一个新鲜名词，马先生解释道：“简单地说，一个时期的物价对于某一定时期物价的比，叫做物价指数。为了方便，作为标准的某一定时期的物价，算是一百。所以，将物价指数和百分比对照：一定时期的物价，便是母数；物价指数便是（x+百分率）；现时的物价便是母子和。”

经过这样解释，我们已经懂得：本题已知母子和，与物价指数（1+百分率），求母数。

先作OB表示1加百分率，即150%。再作OA表示1，即100%。从纵线30那一点，横看到OB线得B点。由B往下看得20元，就是十年前的物价。

算法是这样：30元÷150%=20元。这是由例三的公式可推出来的：母数=母子和÷（1+百分率）。

例六：前题，现在的物价比十年前的物价上涨了多少？

这自然只是求子数的问题了。在图中（图120）OA线表示的是100%，就是十年前的物价。所以，A_1B表示的10元，就是上涨的价。因为PB是母子和，PA_1是母数，PB减去PA_1就是子数。

求子数的公式很明白是：子数=母子和-母子和÷（1+百分率）

例七：十年前定价20元的物品，现在定价30元，求所涨的百分率和物价指数。

这个题目，是从例五变化出来的。作图（图120）的方法当然相同，不过顺序变换一点。先作表示现价的OB，再作表示十年前定价的OA，从A_1向下截去A_1B的长得C_1。连接OC_1，得直线OC，它表示的便是百分率：

$PC_1 : OP = 10 : 20 = 50\%$。

至于物价指数，就是100%加上50%，等于150%。

计算的公式是：

$$百分率=\frac{母子和-母数}{母数}\times 100\%$$

例八：定价15元的货物，按7折出售，卖价是多少？减去多少？

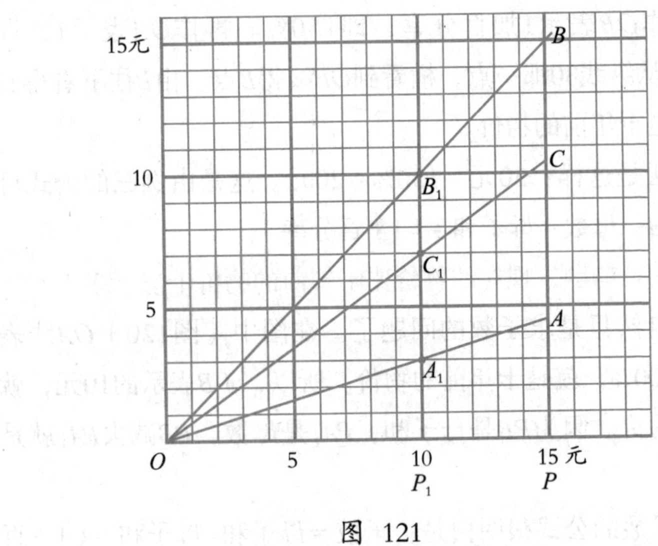

图 121

大概是这些例题比较简单的缘故，没有一个人感到困难。不得不说，由于马先生详加指导，使我们一见到题目，就已经知道寻找它的要点了。这几道题，差不多都是我们自己做出来的，很少依赖马先生。

本题和例三相似，只是这里是减，那里是加。先作表示百分率（30%）的线OA，又作表示原价1的线OB。由PB减去PA得PC，连接OC，它所表示的就是卖价。CB和PA相等，都表示减去的数量。

图上表示得很清楚，卖价是10.5元（PC），减去的是4.5元（PA或CB）。

在百分法中，这是求母子差的问题。由前面的说明，公式很容易得出：

母子差＝母数×（1-百分率）

PC　OP　P_1B_1　P_1A_1（C_1B_1）

在本题，就是：

$15^{元}\times(1-30\%)=15^{元}\times0.70=10.5^{元}$

例九：8折后再6折和双7折，哪一种折减去的多？

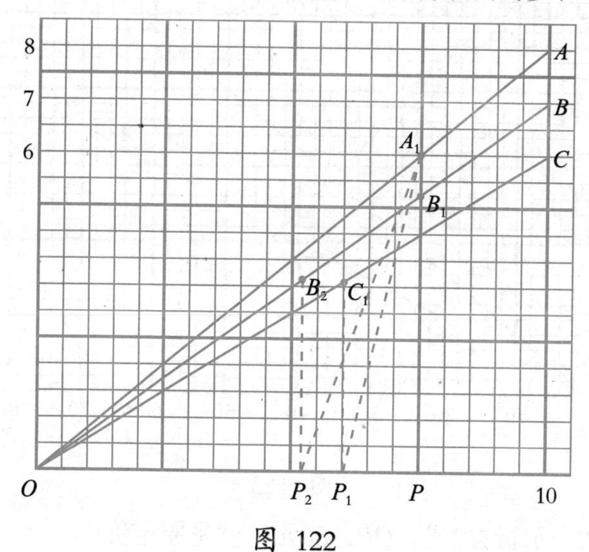

图 122

图中的OP表示定价。OA表示8折，OB表示7折，OC表示6折。

OP 8折成PA_1。将它作母数，就是OP_1。OP_1 6折，为P_1C_1。

OP 7折为PB_1。将它作母数，就是OP_2。OP_2再7折，为

P_2B_2。

P_1C_1比P_2B_2短，所以8折后再6折比双7折减去的多。

例十：王成之按照定价减去2成买进的脚踏车，一年后折旧5成卖出，得到32元，原来定价是多少？

这也不过是多绕一个弯的问题。OS_1表示第二次的卖价32元。OA表示折去5成。OP_1，64元，就是王成之的买价。用它作子数，即OS_2，为原主的卖价。

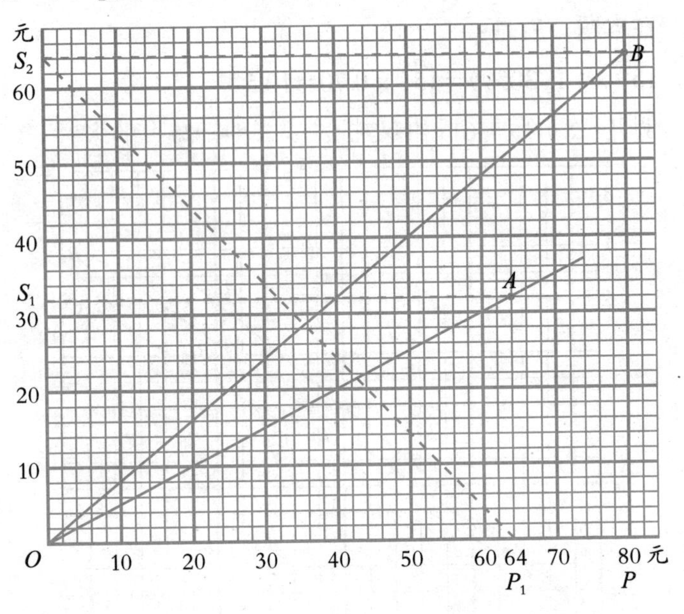

图 123

OB表示折去2成。OP，80元，就是原定价。

因为求母数的公式是：

母数＝母子差÷（1-百分率）。

所以算法是：

$32^{元}$÷（1-50%）÷（1-20%）

$$=32^{元}\div\frac{50}{100}\div\frac{80}{100}$$

$$=32^{元}\times 2\times\frac{5}{4}=80^{元}$$

第四，单利息。

“100元，一年付10元的利息，利息占本金的百分之几？”马先生写完了标题问。

“10%。”我们一起回答。

“这10%，叫做年利率。所谓单利息，是利息不再生利的计算法。两年的利息是多少？”马先生又问。

“20元。”一个同学回答。

“三年的呢？”

“30元。”周学敏回答。

“十年的呢？”

“100元。”仍是周学敏回答。

“付利息的次数，叫做期数。你们知道求单利息的公式吗？”

“利息等于本金乘以利率再乘以期数。”王有道答道。

“好！这就是单利息算法的基础。它和百分法有什么不同呢？”

“多一个乘数，期数。”我回答。我也想到它和百分法没有什么本质的差别：本金就是母数，利率就是百分率，利息就是子数。

“所以，对于单利息，用不着多讲，画一个图就可以了。”马先生说。

图一点也不难画，因为无论从本金或期数说，利息对它

们都是定倍数（利率）的关系。图中，横线表示年数，从1到10。纵线表示利息，0到120元。本金都是100元。

表示利率的线共12条，依次是从年利1厘、2厘、3厘……到1分、1.1分和1.2分。

这个图表的用法，并不只限于检查本金100元十年间，每年按照所标利率的利息。本金不是100元的，也可由它推算出来。

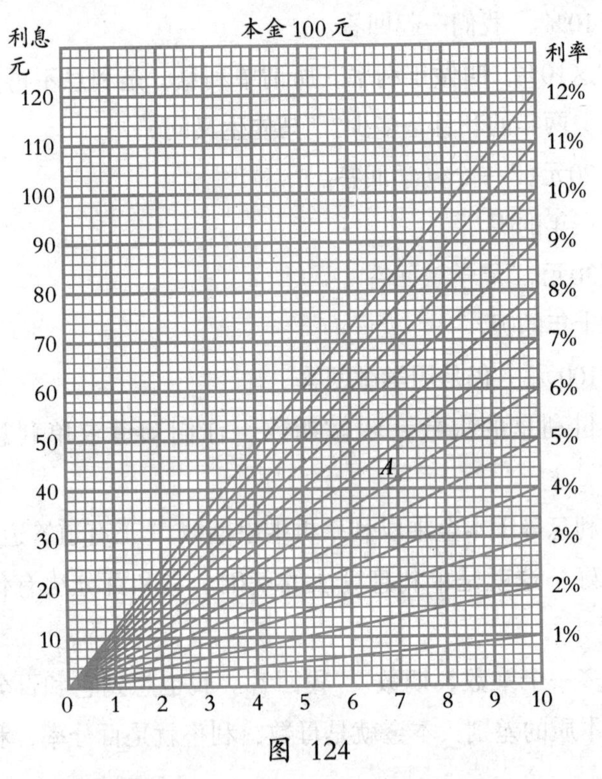

图 124

例一：求本金350元，年利6%，7年间的利息。

本金100元，年利6%，7年间的利息是42元（A）。本金350元的利息便是：

$$42^{元} \times \frac{350}{100} = 147^{元}$$

所以，年数不止十年的，也可由它推算出来。并且把年数看成期数，则各种单利息都可由它推算出来。

例二：求本金400元，月利2%，三年的利息。

本金100元，利率2%，十期的利息是20元，六期的利息是12元，三十期的是60元，所以三年（共三十六期）的利息是72元。

本金400元的利息是：

$$72^{元} \times \frac{400}{100} = 288^{元}$$

利率是图表上没有的，仍然可由它推算。

例三：本金360元，半年一期，利率14%，四年的利息是多少？

利率14%可看成12%加2%。半年一期，四年共八期。本金100元，利率12%，八期的利息是96元，利率2%的是16元，所以利率14%的利息是112元。

本金360元的利息是：

$$112^{元} \times \frac{360}{100} = 403.2^{元}$$

这些例题都是很简明的，真是“运用之妙，存乎一心”了！

26 这要算不可能了

“从来没有碰过钉子，今天却要大碰特碰了。”马先生这一课这样开始，“在上次讲正比例时，我们曾经说过这样的例子：一个数和它的平方数，1和1，2和4，3和9，4和16……都是同时变大、变小，但它们不成正比例。你们试把它画出来看看。”

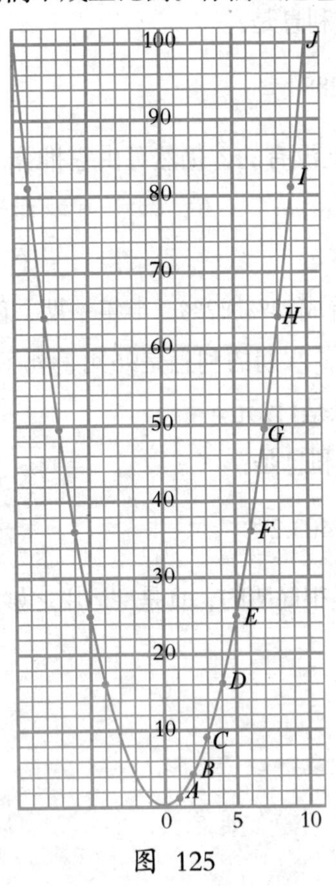

图 125

真是碰钉子！我用横线表示数，纵线表示平方数，先得A、B、C、D四点，依次表示1和1，2和4，3和9，4和16，它们不在一条直线上。这还有什么办法呢？

我索性把表示5和25，6和36，7和49，8和64，9和81，10和100的点E、F、G、H、I、J，都画了出来。真糟！简直看不出它们是在一条什么线上！

问题本来很简单，只是这些点好像是在一条弯曲的线上，是不是？成正比例的数或量，用点表示，这些点就在一条直线上。为什么不成正比例的数或量，用点表示，这些点就不在一条直线上呢？

对于这个问题，马先生说，这种说法是对的。本题的曲线，叫做抛物线。本来左边还有和它成线对称的一半，但在算术上用不到它。

“现在，我们谈到反比例的问题了，且来举一个例子看。”马先生说。

这个例子是周学敏提出的：3个人16日做完的工程，6个人几日做完？不用说，单凭心算，我也知道只要8天。

马先生叫我们画图。我用纵线表示日数，横线表示人数，得A和B两点，把它们连成一条直线。奇怪！这条纵线和横线的交点在9，明明是表示9个人做这项工程，就不要日数了！这成什么话？

我正在这样想，马先生似乎已经察觉到我的困惑，便向我提出警告：“小心呀！多画出几个点来看。”

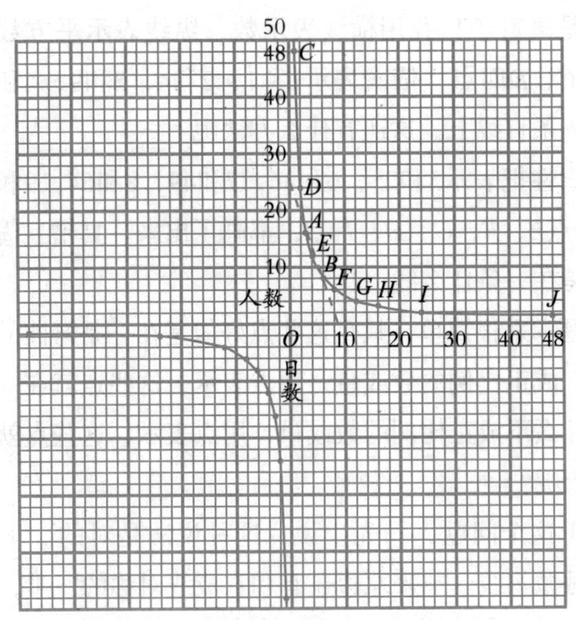

图 126

我就老老实实地，先算出下面的表，再把各个点都记出来：

人数	1	2	3	4	6	8	12	16	24	48
日数	48	24	16	12	8	6	4	3	2	1
点	C	D	A	E	B	F	G	H	I	J

还有什么可说呢？*C*、*D*、*E*、*F*、*G*、*H*、*I*、*J*这八个点，就没有一个点在直线*AB*上。它们又成一条抛物线了，我想。

但是，马先生说，这和抛物线不一样，它叫双曲线。他还说，假如我们画图的纸是一个方方正正的“田”字形，纵线是“田”字中间的一竖，横线是“田”字中间的一横，这条曲线只在“田”字的右上一个方块里，在“田”字左下的一个方块里，还有和它成点对称的一条。

原来抛物线只有一条，双曲线却有两条，“田”字左下方块里一条，也是算术里用不到的。

“无论是抛物线或双曲线，都不是单靠一把尺子和一个圆规就能够画出来的。关于这一类问题，现在要用画图法来解决，我们只好宣告无能为力了！”马先生说。

停了两分钟，马先生又提出下面的一个题，叫我们画：2^2是4，2^3是8，2^4是16……用线表示出来。

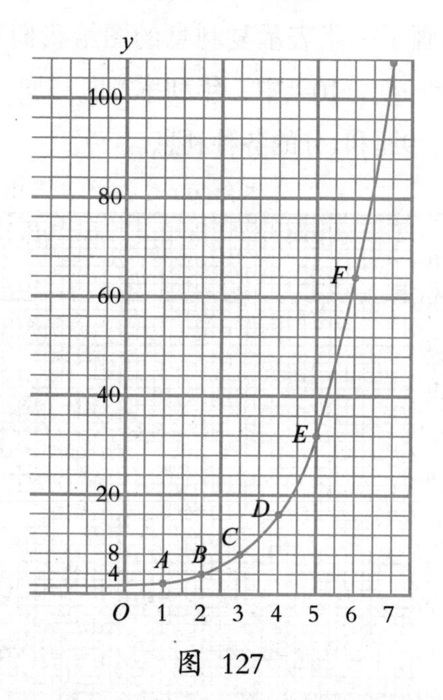

图 127

马先生今天大概是存心捉弄我们，这个题的线，我已知道不是直线了。我画了A、B、C、D、E、F六点，依次表示2^1是2，2^2是4，2^3是8，2^4是16，2^5是32，2^6是64。果然它们不在一条直线上，但连接它们所成的曲线，既不像抛物线，又不像双曲线，不知道又是一种什么线了！

我们原来都只画y这条纵线右边的一段，左边拖的一节尾巴，是马先生加上去的。马先生说，这条尾巴可以无限拖长，越长越和横线相近，但无论怎样，永远不会和它相交。在算术中，这条尾巴也是用不到的。这种曲线叫指数曲线。

“要表示复利息，就会用到这种指数曲线。”马先生说，“所以，要用老方法来处理复利息的问题，也只有碰钉子了。”

马先生还画了一张表示复利息的图给我们看。它表示本金100元，一年一期，10年中，年利率2厘、3厘、4厘、5厘、6厘、7厘、8厘、9厘和1分的各种利息。

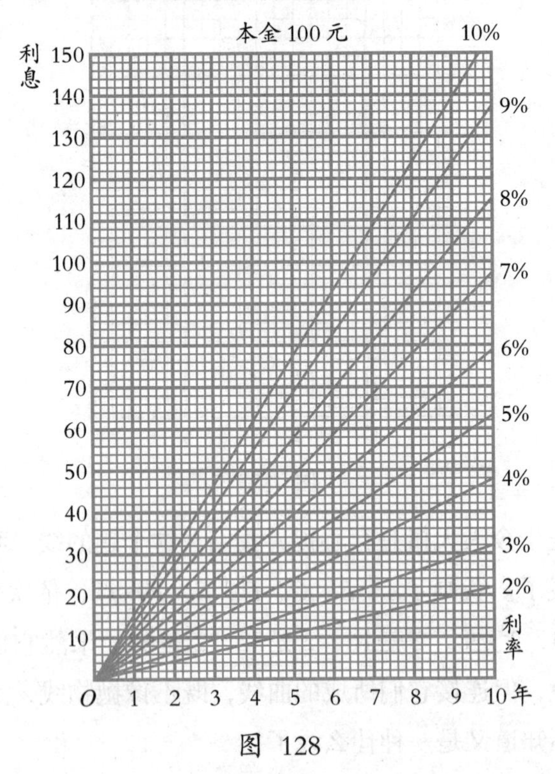

图 128

27 大半不可能的复比例

关于这类题目，马先生说，有大半是不能用作图法解决的，这当然毫无疑问。

反比例的题，既然已不免碰钉子，复比例中，含有反比例的，自然此路不通了。再说，即使不含有反比例，复比例中总含有三个以上的量，如果不能化繁为简，那也就手足无措了。

不过复比例中的题目，我们想不明白的，所以请求马先生不用作图法解也好，给我们一些提示。马先生答应了，并且叫我们提出问题来。以下的问题，全是我们提出的。

例一：同一件事情，24人合做，每天做10时，15日可以做完；60人合做，每日少做2时，几日可以做完？

一个同学提出这个题来的时候，马先生想了一下，说："我知道，你感到困难是因为这个题目转了一个小弯。你试将题目所给的条件，同类的一一对列起来看。"

他依马先生的话，列成下表：

人数	每日做的时数	日数
24	10	15
60	少2	?

"由这个表看来，有多少数还不知道？"马先生问。

"两个，第二次每日做的时数和日数。"他答道。

"问题的关键就在这一点。"马先生说，"一般的比例题，都是只含有一个未知数的。但你们要注意，比例所处理的都是和两个数量的比有关的事项。在复比例中，只不过有关的比多几个而已。所以题目中如果含有和比无关的条件，就超出了范围，应当先将它处理好。

“即如本题，第二次每日做的时数，题目说的是少2时，就和比没有关系。第一次，每日做10时，第二次每日少做2时，做的是几时？”

“10时少2时，8时。”周学敏回答。

这样一来，当然毫无疑问了。

$$\left.\begin{array}{ll}\text{反} & 60\text{人}:24\text{人}\\ \text{反} & 8\text{时}:10\text{时}\end{array}\right\}=15\text{日}:x\text{日}$$

$$\therefore\quad x=\frac{15\times24\times10}{60\times8}=7\frac{1}{2}$$

例二：一本书原有810页，每页40行，每行60字。如果重印时，每页增加10行，每行增加12个字，求页数减少多少页？

这个问题，虽然表面上看起来复杂一点，但实际上和前例是一样的。不要怪马先生听见另一个同学说完以后，露出一点轻微的不愉快了。

马先生叫他先找出第二次每页的行数，40加10，是50，和每行的字数，60加12，是72，再求第二次的页数。

$$\left.\begin{array}{ll}\text{反} & 50\text{行}:40\text{行}\\ \text{反} & 72\text{字}:60\text{字}\end{array}\right\}=810\text{页}:x\text{页}$$

$$\therefore\quad x^{\text{页}}=\frac{810^{\text{页}}\times40\times60}{50\times72}=540^{\text{页}}$$

要求可减少的页数，这当然不是比例的问题，810页改成

540页，减少的是270页。

例三：从A处到B处，一般情况下6时可以到达。现在将路程减少$\frac{1}{4}$，速度增加$\frac{1}{2}$倍，什么时候可以到达呢？

这个题，从前我不知从何下手，做完前两个例题后，现在我已懂得了。虽然我没有向马先生提出，也附记在这里。

原来的路程，就算它是1，后来减少$\frac{1}{4}$，当然是$\frac{3}{4}$。原来的速度也算它是1，后来增加$\frac{1}{2}$倍，便是$1\frac{1}{2}$。

$$\because \left.\begin{matrix} \text{正} & 1:\frac{3}{4} \\ \text{反} & 1\frac{1}{2}:1 \end{matrix}\right\} = 6\text{时}:x\text{时}$$

$$\therefore \quad x^{\text{时}} = 3^{\text{时}}$$

例四：狗走2步的时间，兔可以走3步；狗走3步的距离，兔需要走5步。狗30分钟所走的路，兔需要走多少时间呢？

“这题的难点。”马先生说，“只在包含时间（步子的快慢）和空间（步子和路的长短）。但只要注意判定正反比例就行了。第一，狗走2步的时间，兔可走3步，哪一个快？”

“兔快。”一个同学说。

“那么，狗走30分钟的步数，让兔来走，需要多长时间？”

“少些！”周学敏说。

“这是正比例还是反比例？”

“反比例！步数一定，走的快慢和时间成反比例。”王有道说。

“再来看，狗走3步的长，兔要走5步。狗走30分钟的步数，兔走的话时间怎样？”

“要多一些。”我回答。

“这是正比例还是反比例？”

“反比例！距离一定，步子的长短和步数成反例，也就同时间成反例。”还是王有道回答。

这样就可得：

$$\left.\begin{array}{l}\text{反}\quad 3:2\\ \text{反}\quad 3:5\end{array}\right\}=30\text{分}:x\text{分}$$

$$\therefore\quad x^{\text{分}}=\frac{30^{\text{分}}\times2\times5}{3\times3}=33\frac{1}{3}^{\text{分}}$$

例五：牛车、马车运输力量的比为8∶7，速度的比为5∶8。以前用牛车8辆，马车20辆，于5日内运送280袋米到1.5里的地方。现在用牛、马车各10辆，于10日内要运送350袋米，求可以运送的距离。

这题是周学敏提出的，马先生问他：“你觉得难点在什么地方？”

“有牛又有马，有从前运输的情形，又有现在运输的情形，关系比较复杂。”周学敏回答。

“你太执着了，为什么不分开来看呢？”马先生接着又说，“你们要记好两个基本原则：一个是不相同的量不能相加减；还有一个是不相同的量不能相比。本题就运输力量来说有牛车又有马车，既然它们不能并成一个力量，也就不能相比了。”

停了一阵，他又说：“所以这个题，应当把它分成两段看：‘牛车、马车运输力量的比为8∶7，速度的比为5∶8。以前用牛车8辆，马车20辆；现在用牛、马车各10辆’这算一段。又从‘以前用牛车8辆’，到最后又算一段。现在先解决第一段，变成都用牛车或马车，我们就都用牛车吧。马车20辆和10辆各合多少辆牛车？”

这个比较简单，力量的大小与速度的快慢对于所用的车辆都是成反比例的。

$$\left.\begin{array}{l}8:7\\5:8\end{array}\right\}=20\text{辆}:x\text{辆}$$

$$\therefore\quad 20\text{辆马车的运输力}=\frac{20\times7\times8}{8\times5}=28\text{辆牛车的运输力；}$$

10辆马车的运输力＝14辆牛车的运输力。

我们得出这个答案后，马先生说：“现在题目的后一段可以改个样子：以前用牛车8辆和28辆，现在用牛车10辆和14辆，……”

当然，到这一步，又是笨法子了。

$$\left.\begin{array}{ll}\text{正} & (8+28)\text{辆}:(10+14)\text{辆}\\ \text{正} & 5\text{日}:10\text{日}\\ \text{反} & 350\text{袋}:280\text{袋}\end{array}\right\}=1\frac{1}{2}\text{里}:x\text{里}$$

$$x^{\text{里}}=\frac{1\frac{1}{2}^{\text{里}}\times(10+14)\times10\times280}{(8+28)\times5\times350}=\frac{\frac{3}{2}^{\text{里}}\times24\times10\times280}{36\times5\times350}$$

$$=\frac{3^{\text{里}}\times12\times10\times280}{36\times5\times350}=1\frac{3}{5}^{\text{里}}$$

例六：大工4人，小工6人，工作5日，工资共51.2元。后来有小工2人休息，用大工一人代替，工作6日，工资共多少？（大工一人2日的工资和小工一人5日的工资相等。）

这个题目的情形和前题一样，是马先生提出的，大概是要我们重复前题的算法吧！

先就工资说，将小工化成大工，这是一个正比例：

$$5^{日}:2^{日}=6^{人}:x^{人}, \qquad x^{人}=\frac{12}{5}^{人}$$

这就是说，6个小工，1日的工资和$\frac{12}{5}$个大工1日的工资相等。后来少去2个小工只剩4个小工，他们的工资和$\frac{8}{5}$个大工的相等，由此得：

$$\left.\begin{matrix} 正 & \left(4+\frac{12}{5}\right)大工:\left(4+\frac{8}{5}+1\right)大工 \\ 正 & 5:6 \end{matrix}\right\}=51.2元:x元$$

$$x=\frac{51.2^{元}\times\left(4+\frac{8}{5}+1\right)\times 6}{\left(4+\frac{12}{5}\right)\times 5}=\frac{51.2^{元}\times\frac{33}{5}\times 6}{\frac{32}{5}\times 5}$$

$$=\frac{51.2^{元}\times 33\times 6}{32\times 5}=63.36^{元}$$

复比例一课就这样结束了，我已经明白了好几个应该注意的事项。

28 物物交换

例一：酒4升可换茶3斤；茶5斤可换米12升；米9升可换酒多少？

马先生写好了题，问道："这样的题，在算术中，属于哪一部分？"

"连比例。"王有道回答。

"连比例是怎么一回事，你能简单说明吗？"

"是由许多简比例连合起来的。"王有道说。

"这也是一种说法，照这种说法，你把这个题做出来看看。"

下面就是王有道做的：

（1）简比例的算法：

$$12升米:9升米=5斤茶:x斤茶，x斤茶=\frac{5斤茶\times9}{12}=\frac{15斤茶}{4}$$

$$3斤茶:\frac{15斤茶}{4}=4升酒:x升酒，x升酒=\frac{4升酒\times\frac{15}{4}}{3}=5升酒$$

（2）连比例的算法：

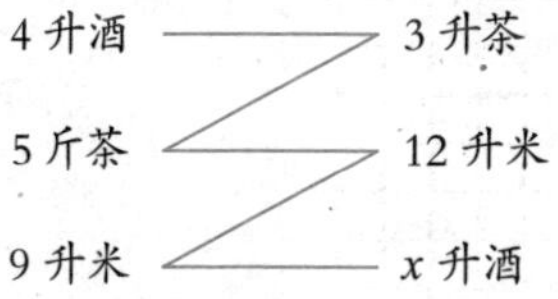

4 升酒 —— 3 升茶

5 斤茶 —— 12 升米

9 升米 —— x 升酒

$$x\ 升酒=\frac{4升酒\times5\times9}{3\times12}=5\ 升酒$$

这两种算法，其实只有繁简和顺序不同，根本上毫无差别。王有道为了说明它们相同，还把（1）中的第四式这样写：

$$x\text{升酒}=\frac{4\text{升酒}\times\frac{5\times9}{12}\left(\text{即}\frac{15}{4}\right)}{3}=\frac{4\text{升酒}\times5\times9}{3\times12}=5\text{升酒}$$

它和（2）中的第二式完全一样。

马先生对于王有道的做法很满意，但他说："连比例也可以说是两个以上的量相连续而成的比例，不过这和算法没有什么关系。"

"连比例的题，能用画图法来解吗？"我想着，因为它是一些简比例合成的，应该可以。但一方面又想到，它所含的量在三个以上，恐怕未必行，因而不能断定。我索性向马先生请教。

"可以！"马先生斩钉截铁地回答，"而且并不困难。你就用这个例题来画画看吧。"

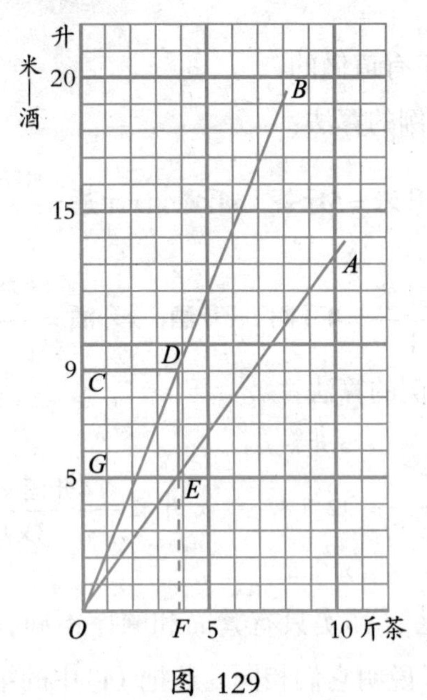

图 129

可先依照酒4升茶3斤这个比，用纵线表示酒，横线表示茶，画出*OA*线。米用哪条线表示呢？其实，每个人都没有动手。马先生看看这个，又看看那个。

“怎么又犯难了！买醋的钱，买不了酱油吗？你们个个都可以成牛顿了，大猫走大洞，小猫一定要走小洞，是吗？纵线上，现在你们的单位是升，一只升子[①]量了酒就不能量米吗？”

这明明是在告诉我们，又用纵线表示米，依照茶5斤可换米12升的比，我画出了*OB*线。我们画完以后，马先生巡视了一周，才说：“问题的要点在后面，怎样找出答数来呢？9升米可换多少茶呢？”

我们从纵线上的*C*（表示9升米），横看到*OB*上的*D*（茶、米的比），往下看到*OA*上的*E*（茶、酒的比），再往下看到*F*（茶$\frac{15}{4}$斤）。

“茶的斤数，就题目说，是没有用处的。”马先生说，“你们由茶和酒的关系，再看‘过’去。”“过”字说得特别响。我就由*E*横看到*G*，它指着5升，这就是所求酒的升数了。

例二：酒3升的价格等于茶2斤的价格；茶3斤的价格等于糖4斤的价格；糖5斤的价格等于米9升的价格。酒1斗[②]可换米多少？

“举一反三。”马先生写了题说，“这个题，不过比前一题多一个弯，你们自己做吧！”

我先取纵线表示酒，横线表示茶，依酒3茶2的比，画*OA*

---

① 量粮食的器具，容量为一升。

② 一斗为十升。

线。又取纵线表示糖，依茶3糖4的比，画OB线。再取横线表示米，依照糖5米9的比，画OC线。

最后，从纵线10，1斗酒横着看到OA上的D，酒就换了茶。由D往下看到OB上的E，茶就换了糖。由E横看到OC上的F，糖依然一样多，但由F往下看到横线上的16，糖已换了米。酒1斗换米1.6斗。

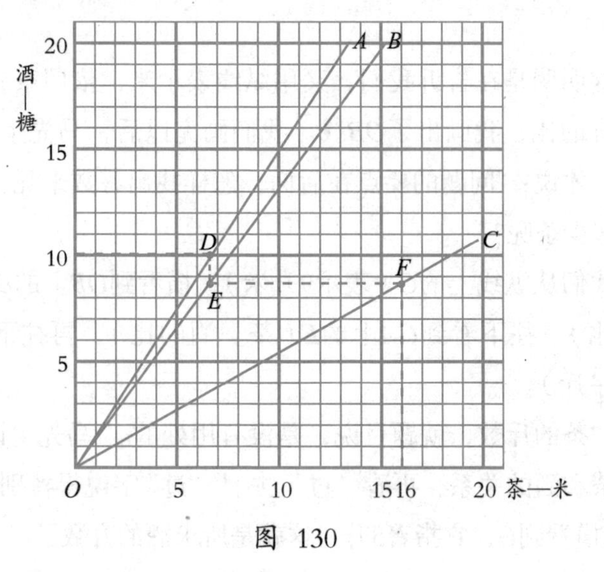

图 130

照连比例的算法：

$$x\text{ 升米}=\frac{9\text{升米}\times 10\times 4\times 2}{5\times 3\times 3}=16\text{ 升米}$$

结果当然完全相同。

例三：甲、乙、丙三人赛跑，100步内，乙负甲20步；180步内，乙胜丙15步；150步内，丙负甲多少步？

本题，也含有不是比例的条件，所以应当先改变一下。“100步内，乙负甲20步”，就是甲跑100步时，乙只跑80步；“180步内，乙胜丙15步”，就是乙跑180步时，丙只跑165步。

按照这两个比，取横线表示甲和丙所跑的步数，纵线表示乙所跑的步数，我画出OA和OB两条线来。

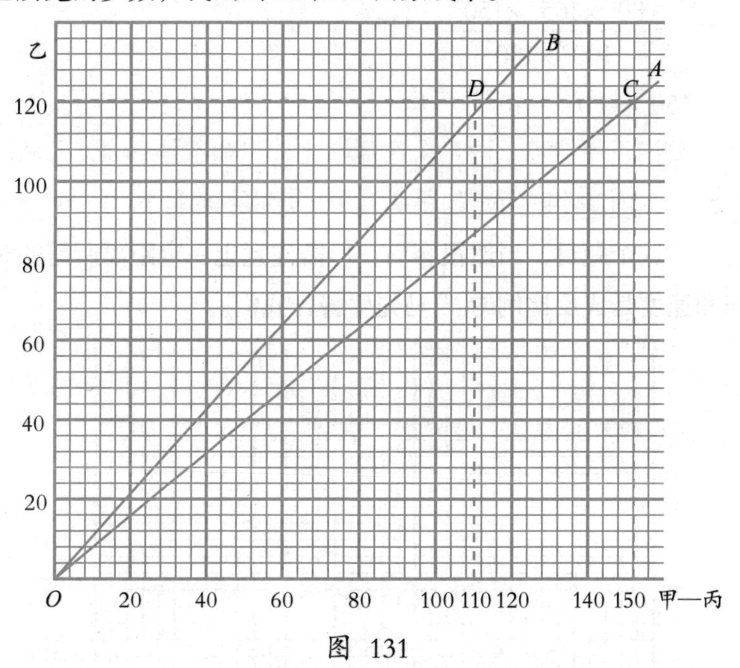

图 131

由横线上150，甲跑的步数，往上看到OA线上的C，它指明甲跑150步时，乙跑120步。再由C横看到OB线上的D，由D往下看，横线上110，就是丙所跑的步数。从110到150相差40，便是丙负甲的步数。

计算是这样：

100甲 —— (100−20)乙

180乙 —— (180−15)丙

x丙 —— 150甲

$$x=\frac{(100^{步}-20^{步})\times(180^{步}-15^{步})\times150^{步}}{100^{步}\times180^{步}}$$

$$=\frac{80^{步}\times165^{步}\times150^{步}}{100^{步}\times180^{步}}=110^{步}$$

$$150^{步}-110^{步}=40^{步}$$

例四：甲、乙、丙三人速度的比，甲和乙是3∶4，乙和丙是5∶6。丙20小时所走的距离，甲需走多长时间？

“这个题目，当然很容易，但需注意走一定距离所需的时间和速度是成反比例的。”马先生警告我们。

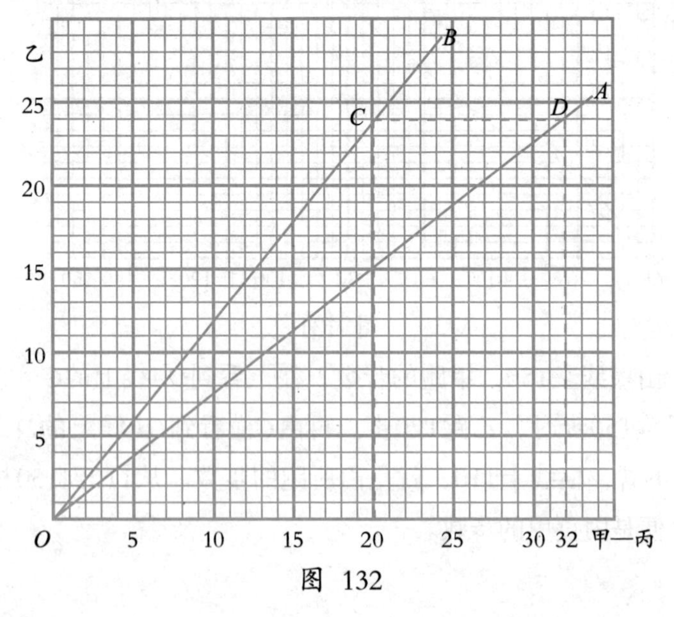

图 132

因为这个警告，我们便知道，甲和乙速度的比是3∶4，则它们走相同的距离，所需的时间的比是4∶3；同样地，乙和丙走相同的距离，所需的时间的比是6∶5。

至于作图的方法和前一题相同。最后由横线上的20，就用它表示时间，直上到OB线的C，由C横过去到OA上的D，由D直下到横线上32。它告诉我们，甲需走32小时。

计算的方法是：

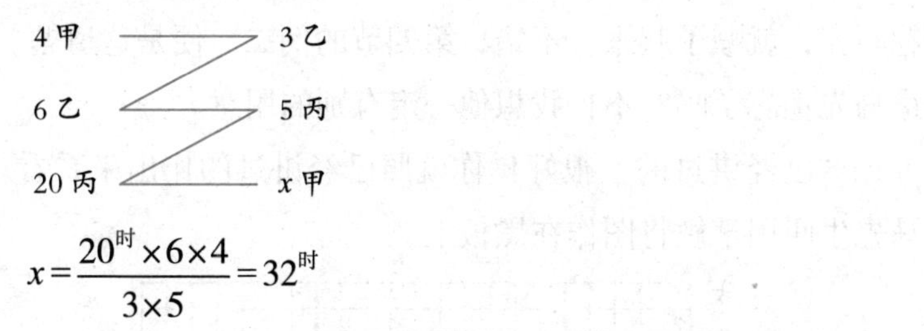

$$x=\frac{20^{时}\times6\times4}{3\times5}=32^{时}$$

29 按比分配

例一：大小两数的和为20，小数除大数得4，大小两数各是多少？

“马先生！这个题已经讲过了！”周学敏还不等马先生将题写完，就喊了起来。不错，第四节的例二，便是这道题。难道马先生忘了吗？不！我想他一定有别的用意。

“已经讲过的？很好！你就照已经讲过的作出来看看。”马先生叫周学敏将图作在黑板上。

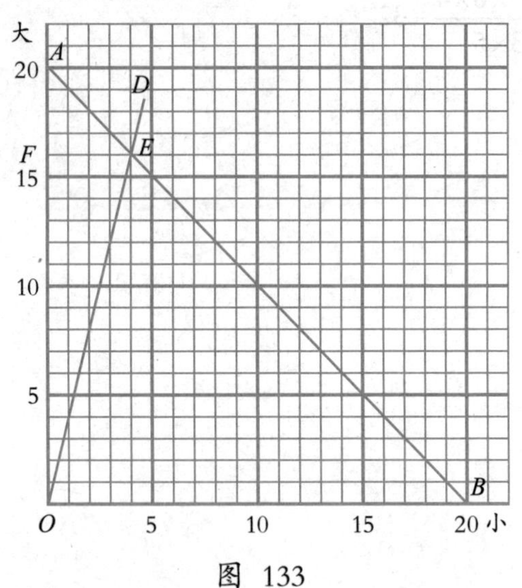

图 133

“好！图作得不错！”周学敏做完，回到座位上的时候，马先生说，“现在你们看一下，*OD*这条线表示的是什么？”

“表示倍数一定的关系，大数是小数的4倍。”周学敏今天不知为什么特别高兴，比平时还喜欢说话。

“我说，它表示比一定的关系，对不对？”马先生问。

“自然对！大数是小数的4倍，也可说是大数和小数的比是4∶1，或小数和大数的比是1∶4。”王有道抢着回答。

“好！那么，这个题……”马先生说着在黑板上写：依照4和1的比将20分成大小两个数，各是多少呢？

“这个题，在算术中，属于哪一部分呢？”

“配分比例。”周学敏又很快地回答。

“它和前一个题，在本质上是不是一样的呢？”

“一样的！”我说。

这一来，我们当然明白了，配分比例问题的作图法，和四则问题中的这种题的作图法，根本上是一样的。

例二：4尺长的线，依照3∶5的比，分成两段，各长多少？

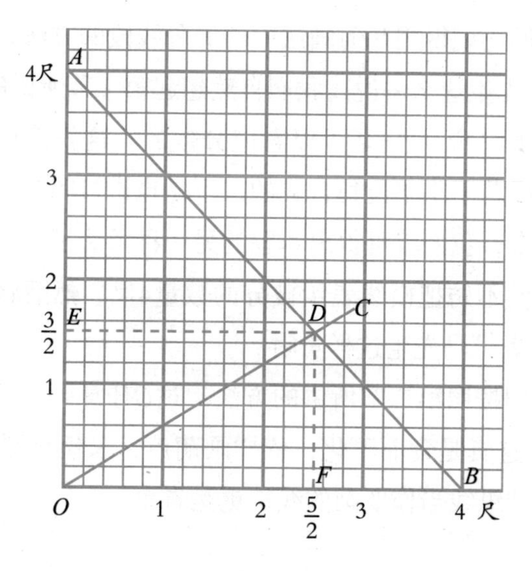

图 134

现在，在我们当中，我相信谁都会做这个题了。AB表示和一定，4尺的关系。OC表示比一定，3∶5的关系。FD等于OE，等于1.5尺；ED等于OF，等于2.5尺。它们的和是4尺，比正好是：

$$1\frac{1}{2}:2\frac{1}{2}=\frac{3}{2}:\frac{5}{2}=3:5$$

算术上的计算法，比起作图法来，更加复杂一些：

$$(3+5):3=4^{尺}:x_1^{尺},\quad x_1^{尺}=\frac{4^{尺}\times 3}{3+5}=\frac{12^{尺}}{8}=1\frac{1}{2}^{尺};$$

$$(3+5):5=4^{尺}:x_2^{尺},\quad x_2^{尺}=\frac{4^{尺}\times 5}{8}=\frac{5^{尺}}{2}=2\frac{1}{2}^{尺}。$$

“这道题的画法，还有别的吗？”马先生在大家做完以后，忽然提出这个问题。但是没有人回答。

“你们还记得用几何画法中的等分线段的方法，来作除法吗？”听马先生这么一说，我们自然想起第二节所讲的了。

他接着又说：“比是可以看成分数的，这我们早就讲过。分数可看成若干小单位集合成的，不是也讲过吗？把已讲过的三项合起来，我们就可得出本题的另一种做法了。”

“你们不妨把横线表示被分的数量4尺，然后将它等分成（3+5）段。”马先生这样吩咐。

但我们按照第二节所讲的方法，过O任意画一条线，马先生却说：“这真是食而不化，依样画葫芦，未免小题大做。”他指示我们把纵线当作要画的线，更是省事。

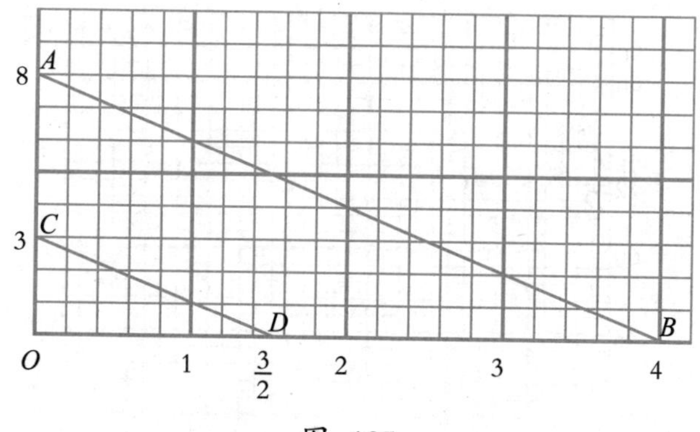

图 135

我先在纵线上取OC等于3，再取CA等于5。连结AB，过C作CD和它平行，这实在简捷得多。OD正好等于1.5尺，DB正好等于2.5尺。结果不但和图134相同，而且把算式比照起来看更要简单，即如：

$(3+5):3=4$尺$:x_1$尺。

┆　┆　┆　┆　┆

OC　CA　OC　OB　OD

例三：把96分成三份：第一份是第二份的4倍，第二份是第三份的3倍，各是多少？

这题不过比前一题复杂一点，照前题的方法做应当是不难的。但作图136时，我却感到了困难。表示和一定的线AB当然毫无疑义可以作，但表示比一定的线呢？

我们所作过的，都是表示单比的，现在是连比呀！连比！连比！本题，第一、二、三各份的连比，由4∶1和3∶1，得12∶3∶1，这如何画线来表示呢？

马先生见我们无从下手，充满疑惑，突然笑了起来，问道：“你们读过《三国演义》吗？它的头一句是什么？”

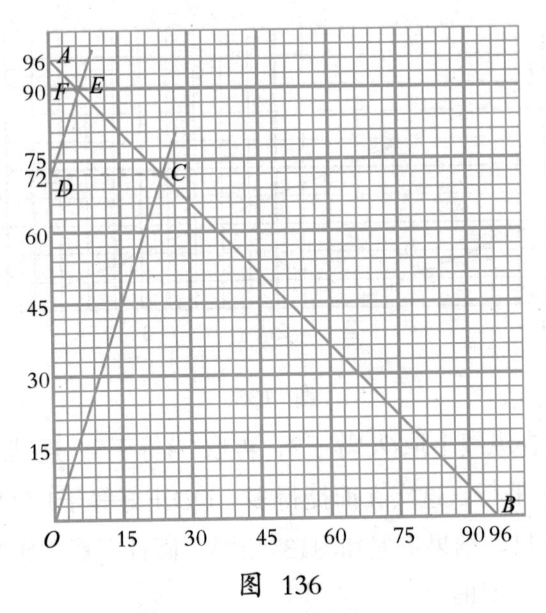

图 136

“话说，天下大势，分久必合，合久必分……”一个被我们称为小说家的同学说。

“运用之妙，存乎一心。现在就用得到一分一合了。先把第二、三两份合起来，第一份与它的比是什么？”

“12∶4，等于3∶1。”周学敏回答。

依照这个比，我画OC线，得出第一份OD是72。以后呢？又没办法了。

“刚才是分而合，现在就当由合而分了。DA所表示的是什么？”马先生问。

自然是第二、三份的和。为什么一下子就迷惑了呢？为什么不会想到把A、E、C当成独立的看，作3∶1来分AC呢？照这个比，作DE线，得出第二份DF和第三份FA，各是18和6。72是18的4倍，18是6的3倍，岂不是正合题意吗？

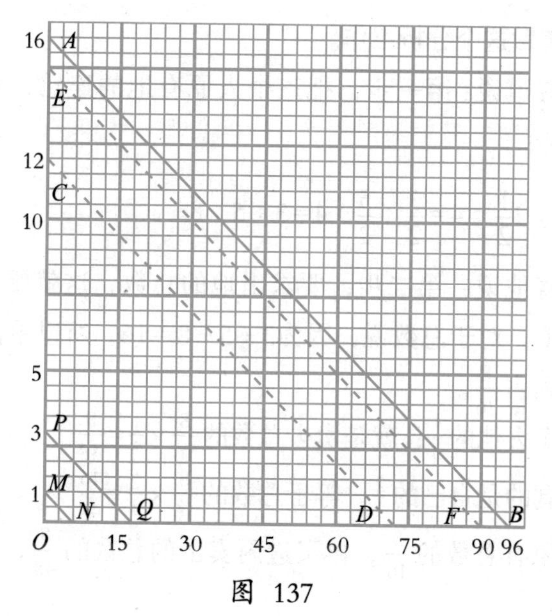

图 137

本题的算法很简单，我就不写了。但用第二种方法作图（图137），更简明一些，所以我把它作了出来。不过我先作的图和图135的形式是一样的：*OD*表示第一份，*DF*表示第二份，*FB*表示第三份。

后来，王有道与我讨论了一番，依照1∶3∶12的比，作*MN*和*PQ*同*CD*平行，用*ON*和*OQ*分别表示第三份和第二份，它们的数目，一眼望去就明了了。

例四：甲、乙、丙三人，合买一块地，各人应有土地的比是$1\frac{1}{2}$∶$2\frac{1}{2}$∶4。后来甲买进丙所有的$\frac{1}{3}$，而卖1亩①给乙，甲和丙所有的地就相等了。求各人原有地多少？

虽然这个题目弯子绕得比较多，但是马先生说过，对付繁杂的题目，最要紧的是化整为零，把它分成几步去做。马先生

①. 1 亩≈666.67 平方米。

叫王有道做这个分析工作。

王有道说：第一步，把三个人原有地的连比，化得简单些，就是：

$$1\frac{1}{2}:2\frac{1}{2}:4=\frac{3}{2}:\frac{5}{2}:4=3:5:8$$

接着他说：第二步，要求出地的总数，这就要替他们清一清账了。对于总数说，因为3+5+8=16，所以甲占$\frac{3}{16}$，乙占$\frac{5}{16}$，丙占$\frac{8}{16}$。

丙卖去他的$\frac{1}{3}$，就是卖去总数的$\frac{8}{16}\times\frac{1}{3}=\frac{8}{48}$

他剩的是自己的$\frac{2}{3}$，等于总数的$\frac{8}{16}\times\frac{2}{3}=\frac{16}{48}$

甲原有总数的$\frac{3}{16}$，再买进丙卖出的总数的$\frac{8}{48}$，这就是总数的

$$\frac{3}{16}+\frac{8}{48}=\frac{9}{48}+\frac{8}{48}=\frac{17}{48}$$

甲卖去1亩便和丙的相等，这就等于说，甲如果不卖这1亩的时候，比丙多1亩。

这一来我们就知道，总数的$\frac{17}{48}$比它的$\frac{16}{48}$多1亩。所以总数是：

$$1^{亩}\div\left(\frac{17}{48}-\frac{16}{48}\right)=1^{亩}\div\frac{1}{48}=48^{亩}。$$

这以后，就算王有道不说，我也知道了：

$$16:\begin{matrix}3\\5\\8\end{matrix}=48^{亩}:\begin{matrix}x_1^{亩}\\x_2^{亩}\\x_3^{亩}\end{matrix}$$

$$x_1^{亩}=\frac{48^{亩}\times3}{16}=9^{亩}（甲）$$

$$x_2^{亩}=\frac{48^{亩}\times5}{16}=15^{亩}（乙）$$

$$x_3^{亩}=\frac{48^{亩}\times8}{16}=24^{亩}（丙）$$

虽然结果已经算了出来，马先生还叫我们用作图法来做一次。

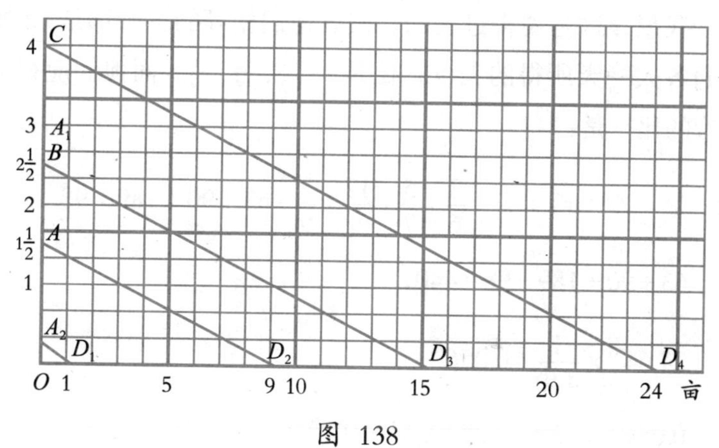

图 138

我对于作图，决定用前面王有道同我讨论所得的形式。横线表示地亩。纵线：OA表示甲的，$1\frac{1}{2}$。OB表示乙的，$2\frac{1}{2}$。OC表示丙的，4。在OA上加OC的$\frac{1}{3}$（4小段）得OA_1。从A_1O减去OC的$\frac{2}{3}$（8小段）得OA_2，这就是后来甲卖给乙的。

连接A_2D_1（OD_1表示1亩），作AD_2，BD_3和CD_4与A_2D_1平行。

OD_2指9亩，OD_3指15亩，OD_4指24亩，它们的连比，正是：

$$9:15:24=3:5:8=1\frac{1}{2}:2\frac{1}{2}:4$$

这样看起来，作图法还是要更简捷一些。

例五：甲工作6日，乙工作7日，丙工作8日，丁工作9日，其工价相等。现在甲工作3日，乙工作5日，丙工作12日，丁工作7日，共得工资24.64元，求每个人应得多少？

自然，这个题，只要先找出四个人各应得工资的连比就容易了。

我想，这是说得过去的，假设他们相等的工价都是1，则他们各人一天所得的工价，便是$\frac{1}{6}$、$\frac{1}{7}$、$\frac{1}{8}$、$\frac{1}{9}$。而他们应得的工价的比，是：

$$甲:乙:丙:丁=\frac{3}{6}:\frac{5}{7}:\frac{12}{8}:\frac{7}{9}=63:90:189:98。$$

$$63+90+189+98=440,$$

$$24.64^{元}\times\frac{1}{440}=0.056^{元},$$

$0.056^{元}\times 63=3.528^{元}$（甲的工资）

$0.056^{元}\times 90=5.04^{元}$（乙的工资）

$0.056^{元}\times 189=10.584^{元}$（丙的工资）

$0.056^{元}\times 98=5.488^{元}$（丁的工资）

本题如果用作图法解答，理论上当然毫无困难，但事实上要表示出三位小数来，是难能可贵的啊！

30 结束的一课

暑假快要结束了，这已是马先生的第三十次讲述。全部算术中的重要题目，可以说，十分之九都提到了。还有许多要点，是一般的教科书上不曾讲到的。这个暑假，我过得算是最有意义了。

今天，马先生来结束全部的讲授。他提出混合比例的问题，按照一般算术教科书上的说法，将混合比例的问题分成四类，马先生就按照这种顺序讲解。

第一，求平均价。

例一：上等酒2斤，每斤3.5角；中等酒3斤，每斤3角；下等酒5斤，每斤2角。三种相混，每斤值多少钱？

这又是已经讲过的老题目，但周学敏这次却不说话了，他大概和我一样，正期待着马先生的花样翻新吧。

“这个题目，第十三节已经讲过，你们还记得吗？”马先生问。

“记得！”好几个人回答。

“现在，我们已有了比例的概念和它的表示法，不妨变一个花样。”果然马先生要换一种方法了，“你们用纵线表示价钱，横线表示斤数，先画出正好表示上等酒2斤一共价钱的线段。”

当然，这是非常容易的，我们画了OA线段。

“再从A起画表示中等酒3斤一共的价钱的线段。”

我们又作AB。

“又从B起画表示下等酒5斤一共的价钱的线段。”

这就是BC。

“连结OC。”我们照办了。

马先生问：“由OC看来，三种酒一共价值多少钱？”

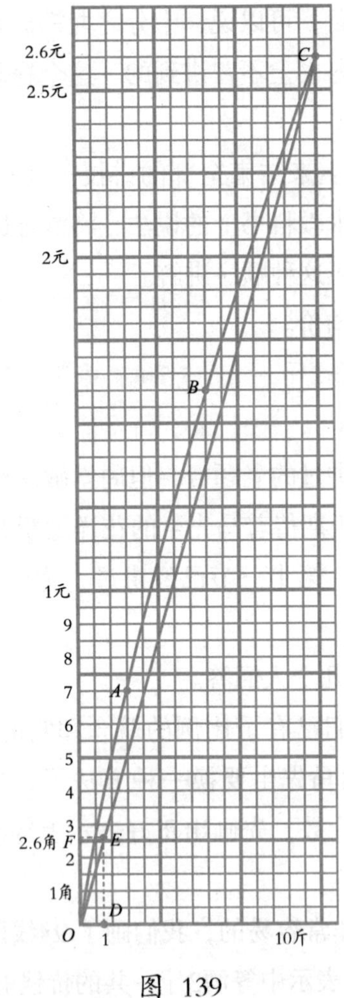

图 139

“2.6元。”我说。

“一共几斤？”

“10斤。”周学敏说。

“怎样找出1斤的价钱呢？”

“由指示1斤的D点。”王有道说，“画纵线和OC交于E，由E横看得F，它指出2.6角来。”

“对的！这种做法并不比第十三节所用的简单，不过对于以后的题目来说，却比较适用。”马先生这样做一个小小的结束。

第二，求混合比。

例二：上茶每斤价值1.2元，下茶每斤价值0.8元。现在要混成每斤价值0.95元的茶，应当依照怎样的比来配合呢？

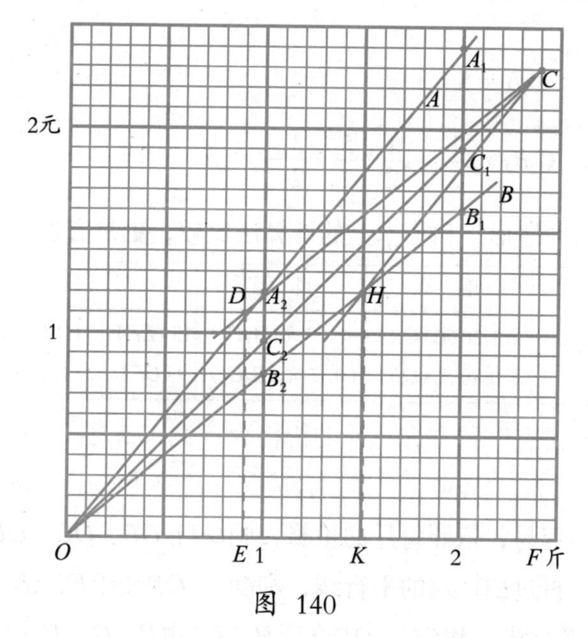

图 140

依照前面马先生所给的暗示，我先做好表示每斤1.2元、每斤0.8元和每斤0.95元的三条线OA、OB和OC。再将它和图139比较一下，我就想到将OB搬到OC的上面去，便是由C作CD平行于OB。它和OA交于D，由D往下到横线上得E。

上茶：下茶$=OE:EF=9:15=3:5$。

上茶3斤价值3.6元，下茶5斤价值4元，一共8斤价值7.6元，每斤正好价值0.95元。

自然，将OA搬到OC的下面，也是一样的。即过C作CH平行于OA，它和OB交于H。由H往下到横线上，得K。

下茶：上茶$=OK:KF=15:9=5:3$。

结果完全一样，不过顺序不同罢了。

其实这个比由A_1、C_1、B_1和A_2、C_2、B_2的关系就可看出来的：

$$A_1C_1:C_1B_1=5:3$$

$$AC_2:C_2B_2=2\frac{1}{2}:1\frac{1}{2}=\frac{5}{2}:\frac{3}{2}=5:3$$

把这种情形，和算术上的计算法比较，更是有趣。

平均价	原　价	损　益	混合比	
0.95元(OC)	上1.20元(OA)	-0.25元(A_2C_2)	15(EF)	5(A_1C_1或A_2C_2)
	下0.80元(OB)	$+0.15$元(B_2C_2)	9(OE)	3(C_1B_1或C_2B_2)

例三：有四种酒，每斤的价格为：A，0.5元；B，0.7元；C，1.2元；D，1.4元。怎样混合成每斤价格为0.9元的酒？

作图容易，依照每斤的价格，画OA、OB、OC、OD和OE五条线。再过E作OA的平行线，和OC、OD交于F、G。又过E作OB的平行线，和OC、OD交于H、I。由F、G、H、I各点，

相应地便可得出A和C，A和D，B和C，B和D的混合比。配合这些比，就可得出所求的数。因为配合方法不同，形式也就各别了。

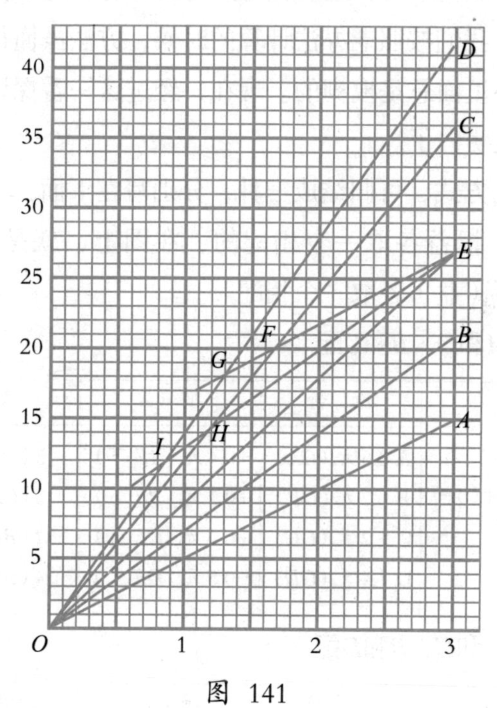

图 141

马先生说，本题由F、G、H、I各点去找A和C，A和D，B和C，B和D的比，反不如就看AE、BE、CE、DE，更加简明。依照这个看法：

$AE=12$，$BE=6$，

$CE=9$，$DE=15$。

因为只用到它们的比，所以可以变成：

$AE=4$，$BE=2$，

$CE=3$，$DE=5$。

再注意把它们的损益相消，就可以配合成了。配合的方式，本题可有七种。马先生叫我们共同考察，将算术上的算法，和图对照起来看，这实在是又切实又有趣的工作。

本来，我们按照老办法计算的时候，方法虽懂得，结果虽不差，但心里面总是模糊的。现在，经过这一番探讨，才算一点不含糊地明白了。

配合的方式，可归结成三种，分别写在下面：

（一）损益各取一个相配的，在图上，就是*OE*线的上（损）和下（益）各取一个相配。

（1）*A*和*D*，*B*和*C*配。

	原　价	损　益	混合比
平均价 0.9 元(0E)	A 0.5 元(*OA*)	+0.4 元(*AE* 下)	5(*DE*)
	B 0.7 元(*OB*)	+0.2 元(*BE* 下)	3(*CE*)
	C 1.2 元(*OC*)	−0.3 元(*CE* 上)	2(*BE*)
	D 1.4 元(*OD*)	−0.5 元(*DE* 上)	4(*AE*)

（2）*A*和*C*、*B*和*D*配。

	原　价	损　益	混合比
平均价 0.9 元(0E)	A 0.5 元(*OA*)	+0.4 元(*AE* 下)	3(*CE*)
	B 0.7 元(*OB*)	+0.2 元(*BE* 下)	5(*DE*)
	C 1.2 元(*OC*)	−0.3 元(*CE* 上)	4(*AE*)
	D 1.4 元(*OD*)	−0.5 元(*DE* 上)	2(*BE*)

（二）取损或益中的一个和益或损中的两个分别相配，其他一个损或益和一个益或损相配。

（3）*D*和*A*、*B*各相配，*C*和*A*配。

	原价	损益	混合比			
平均价 0.9元	A 0.5元	+0.4元	5（DE）		3（CE）	8
	B 0.7元	+0.2元		5（DE）		5
	C 1.2元	−0.3元			4（AE）	4
	D 1.4元	−0.5元	4（AE）	2（BE）		6

（4）D和A、B各相配，C和B相配。

	原价	损益	混合比			
平均价 0.9元	A 0.5元	+0.4元	5（DE）			5
	B 0.7元	+0.2元		5（DE）	3（CE）	8
	C 1.2元	−0.3元			2（BE）	2
	D 1.4元	−0.5元	4（AE）	2（BE）		6

（5）C和A、B各相配，D和A相配。

	原价	损益	混合比			
平均价 0.9元	A 0.5元	+0.4元	3（CE）		5（DE）	8
	B 0.7元	+0.2元		3（CE）		3
	C 1.2元	−0.3元	4（AE）	2（BE）		6
	D 1.4元	−0.5元			4（AE）	4

（6）C和A、B相配，D和B相配。

	原价	损益	混合比			
平均价 0.9元	A 0.5元	+0.4元	3（CE）			3
	B 0.7元	+0.2元		3（CE）	5（DE）	8
	C 1.2元	−0.3元	4（AE）	2（BE）		6
	D 1.4元	−0.5元			2（BE）	2

（三）取损或益中的每一个，都和益或损中的两个相配：

（7）D和C各都同A和B相配。

	原　价	损　益	混合比					
平均价 0.9元	A 0.5元	+0.4元	5(*DE*)		3(*CE*)		8	4
	B 0.7元	+0.2元		5(*DE*)		3(*CE*)	8	4
	C 1.2元	−0.3元			4(*AE*)	2(*BE*)	6	3
	D 1.4元	−0.5元	4(*AE*)	2(*BE*)			6	3

第三，已知全量，求混合量。

例四：鸡、兔同笼，共19个头，52只脚，求各有几只？

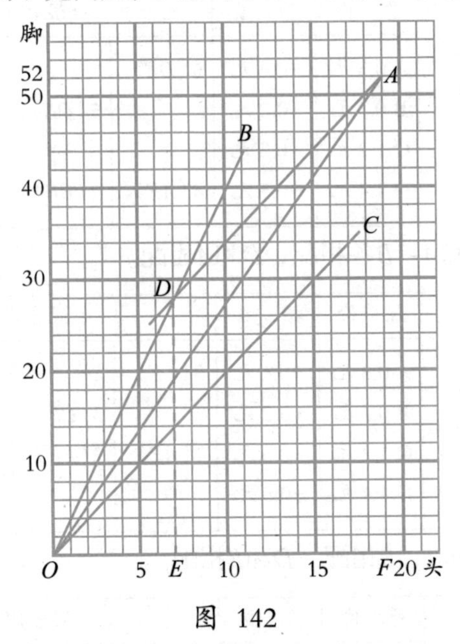

图 142

这原是马先生说过，在混合比例中还要讲的。到了现在，平心而论，我已掌握它的算法了：先求混合比，再依按比分配的方法，把总数分开就行。

且先画图吧。用纵线表示脚数，横线表示头数，*A*就指出19个头同52只脚。

连接*OA*表示平均的脚数，作*OB*和*OC*表示兔和鸡的数目。又过A作AD平行于OC，和OB交于D。

由D往下看到横线上，得E。OE指示7，是兔的数量；EF指出12，是鸡的数量。

计算的方法，虽然很简单，却不如作图法的简明：

	每只脚数	相　差	混合比		
平均脚数 $\frac{52}{19}$（OA）	鸡 2（OC）	少 $\frac{14}{19}$（下）	$\frac{24}{19}$	24	12
	兔 4（OB）	多 $\frac{24}{19}$（上）	$\frac{14}{19}$	14	7

在这里，因为混合比的两项12同7的和正是19，所以用不着再计算一次按比分配了。

例五：上、中、下三种酒，每斤的价格是3.5角、3角和2角。要混合成每斤2.5角的酒100斤，每种各需多少？

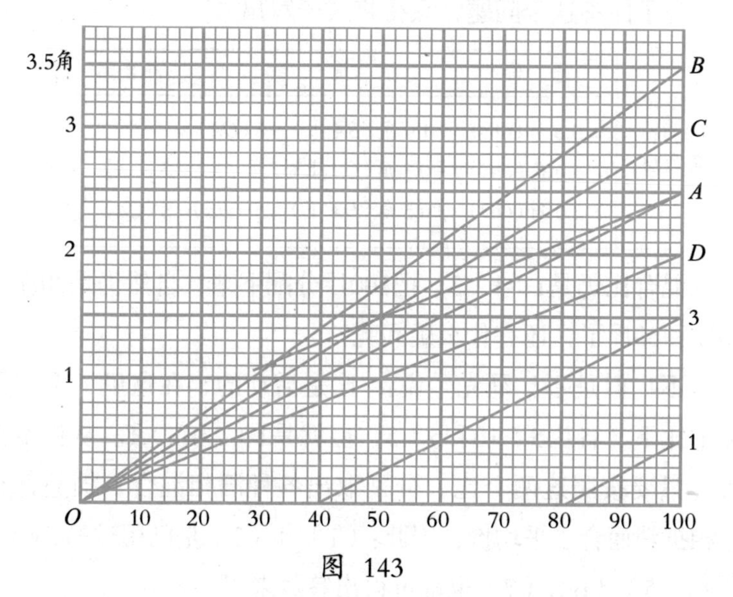

图 143

作OA、OB、OC和OD分别表示每斤价格2.5角、3.5角、3角和2角的酒。这个图正好表出：上种酒损1角，BA；中种酒损5分，CA；而下种酒益5分，DA。因而混合比是：

上 中 下　　上 中 下　　上 中 下

$$\left.\begin{matrix}5: & & 10 \\ & 5: & 5\end{matrix}\right\}\text{即}\left.\begin{matrix}1: & & 2 \\ & 1: & 1\end{matrix}\right\}\text{即}1:1:3$$

依照这个比，在右边纵线上取1和3，作线平行于OA，交横线于80和40。从80到100是20，从40到100是60。即上酒20斤、中酒20斤、下酒60斤。

算法和前面一样，不过最后需要按照1∶1∶3的比分配100斤罢了。所以，本不想把式子写出来。但是，马先生却问：“这个结果自然是对的了，还有别的分配法吗？”

为了回答这个问题，只得将式子写出来。

	原　价	损　益	混合比			
平均价 2.5角（OA）	上3.5角（OB）	−1.0角（BA上）	5（OA）		5	1
	中3.0角（OC）	−0.5角（CA上）		5（CA）	5	1
	下2.0角（OD）	+0.5角（DA下）	10（BA）	5（CA）	15	3

混合比仍是1∶1∶3，把100斤分配下来，自然仍是20斤、20斤和60斤了，还有什么疑问呢？

不！但是不！马先生说：“比是活动的，在这里，上比下和中比下，各为5∶10和5∶5，也就是1∶2和1∶1。从根本上讲，只要按照这两个比，分别取出各种酒相混合，损益都正好相抵消而合于平均价，因此：（1）和（2）是已用过的，（3）（4）（5）（6）（7）也都可得出答数来。”

混合比		(1)			(2)			(3)			(4)			(5)			(6)			(7)		
	上	5		5	1		1	1		1	2		2	3		3	6		6	7		7
	中		5	5		1	1		11	11		7	7		8	8		1	1		2	2
	下	10	5	15	2	1	3	2	11	13	4	7	11	6	8	14	12	1	13	14	2	16

是的，由（3），1，11、13的和是25，所以：

上100斤×$\frac{1}{25}$=4斤，中100斤×$\frac{11}{25}$=44斤，下100斤×$\frac{13}{25}$=52斤。

由（4），2、7、11的和是20，所以：

上100斤×$\frac{2}{20}$=10斤，中100斤×$\frac{7}{20}$=35斤，下100斤×$\frac{11}{20}$=55斤。

由（5），3、8、14的和是25，所以：

上100斤×$\frac{3}{25}$=12斤，中100斤×$\frac{8}{25}$=32斤，下100斤×$\frac{14}{25}$=56斤。

由（6），6、1、13的和是20，所以：

上100斤×$\frac{6}{20}$=30斤，中100斤×$\frac{1}{20}$=5斤，下100斤×$\frac{13}{20}$=65斤。

由（7），7、2、16的和是25，所以：

上100斤×$\frac{7}{25}$=28斤，中100斤×$\frac{2}{25}$=8斤，下100斤×$\frac{16}{25}$=64斤。

“除了这几种，还有没有呢？”我正怀着这个疑问，马先生却问了出来，但是没有人回答。后来，他说有，但还有个根本的问题要先解决。

又是什么问题呢？马先生问：“你们就这几个例子看，能得出什么结果呢？”

“各个连比三次的和，是5（2）、20［（4）和（6）］、25［（1）（3）（5）和(7)］，都是100的约数。”王有道说。

“这就是根本问题。”马先生说，“因为我们要的是整数的答数，所以这些数就得除得尽100。”

“那么，能够配来合用的比，只有这么多了吗？”周学敏问。

“不只这些，不过配成各项的和是5或20或25的，只有这么多了。”马先生回答。

“怎么知道的呢？”周学敏追问。

“那是一步一步推算的结果。”马先生说，“现在你仔细看前面的六个连比。把（2）做基本，因为它是最简单的一个。在（2）中，我们又用上和下的比1∶2做基本，将它的形式改变。再把中和下的比1∶1也跟着改变，来凑成三项的和是5，20或25。例如，用2去乘这两项，得2∶4，它们的和是6。20减去6剩14，折半是7，就用7乘第二个比的两项，这样就是（4）。”

“用2乘第一个比的两项，得2∶4，它们的和是6。第二个比的两项，也用2去乘，得2∶2，它们的和是4。连比变成2∶2∶6，三项的和是10，也能除尽100。为什么不用这一个连比呢？”王有道问。

“不是不用，是可以不用。因为2∶2∶6和（1）的5∶5∶15以及（2）的1∶1∶3是相同的。由此可以看出，乘第一个比的两项所用的数，必须和乘第二比的两项所用的数不同，结果才不同。”

马先生回答后，王有道又说：“你们索性再进一步探究。第一个比1∶2，两项的和是3，是一个奇数。第二个比1∶1，两项的和是2，是一个偶数。所以，第一个比的两项，无论用什么数（整数）去乘，它们的和总是3的倍数。并且，乘数是奇数，这个和也是奇数；乘数是偶数，它也是偶数。再说奇数加偶数是奇数，偶数加偶数仍然是偶数。”

跟着这几个法则，我们来检查上面的（3）（5）（6）（7）四种混合比。

（3）的第一个比的两项没有变，就算是用1去乘，结果两项的和是奇数，所以连比三项的和也只能是奇数，它就只能是25。

（5）的第一个比的两项，是用3去乘的，结果两项的和是奇数，所以连比三项的和也只能是奇数，它就只能是25。

在这里，要注意，如果用4去乘第一个比的两项，结果它们的和是12，只能也用4去乘第二个比的两项，使它成4∶4，而连比成为4∶4∶12，这与（1）和（2）一样。如果用5去乘第一个比的两项，不用说，得出来的就是（1）了。

（6）的第一个比的两项是用6去乘的，结果它们的和是18，为偶数，所以连比三项的和只能是20。20减去18剩2，正是第二个比两项的和。

用7去乘第一个比的两项，结果，它们的和是21，是奇数，所以连比三项的和只能是25。25减去21剩4，折半得2，所以第二个比，应该变成2∶2，这就是（7）。

假如用8以上的数去乘第一个比的两项，结果它们的和已在24以上，连比三项的和当然超过25。这就说明了配成连比三项的和是5或20或25的，只有（2）（3）（4）（5）（6）（7）六种。

“那么，这个题，也就只有这六种答案了？”一个同学问。

“不！我已经回答过周学敏。连比三项的和，合用的，还有什么？”马先生又问周学敏。

“50和100。”周学敏回答。

“对！那么，还有几种方法可以配合呢？”马先生又问。

“……”

“没有人能回答上来吗？这不是很方便吗？”马先生说，“其实也是很呆板的。第一个比变化后，两项的和总是3的倍数，这是第一点。（7）的第一个比两项的和已是21，这是第二点。50和100是偶数，所以变化下来的结果，第一个比两项的和必须是3的倍数，而又是偶数，这是第三点。由这三点去想吧！先从50起。”

“由第一、二点想，21以上50以下的数，有几个数是3的倍数？”马先生问。

“50减去21剩29，3除29可得9，一共有9个。”周学敏说。

“再由第三点看，只能用偶数，9个数中有几个可用？”

“21以后，第一个3的倍数是偶数。50前面，第一个3的倍数，也是偶数。所以有5个可用。”王有道说。

“不错。24、30、36、42和48，正好5个。”我一个一个地想了出来。

“那么，连比三项的和，配成这五个数，都合用吗？”马先生问。

大概这中间又有什么问题了。我就把五个连比都做了出来。结果，真是有问题。

第一，用10乘第一个比的两项，得10∶20，它们的和是

30。50减去30剩20，折半得10，连比便成了10∶10∶30，等于1∶1∶3，同（2）是一样的。

第二，用14乘第一个比的两项，得14∶28，它们的和是42。50减去42剩8，折半得4，连比便成了14∶4∶32，等于7∶2∶16，同（7）一样。

我将这个结果告诉了马先生，他便说："可见得，只有三种方法可配合了。连同上面的六种，（1）和（2）只是一种，一共不过九种。此外，就没有了吗？"

我觉得，这倒很有意思。把九种比写出来一看，除前面的（2）做基本以外，剩下的都是用一个数去乘（2）的第一个比的两项得出来的。这些乘数，依次是1、2、3、6、7、8、12和16。

用5、10或14做乘数的结果，都与这九种中的一种重复。用9、11、13或15去乘是不合用的。我正在玩味这些情况，突然周学敏大声说："马先生，不对！"

"怎么？你发现了什么？"马先生很诧异。

"前面的（4）和（6），第一个比两项的和都是偶数，不是也可以将连比配成三项的和都是50吗？"周学敏得意地说。

"好！你试试看。"马先生说，"这个漏洞你算发现了。"我觉得很奇怪，为什么马先生早没有注意到呢？

"（4）的第一个比两项的和是6。50减去6剩44，折半是22，所以第二个比可变成22∶22，连比是2∶22∶26。"周学敏说。

"用2去约来看。"马先生说。

"是1∶11∶13。"周学敏说。

"这不是和（3）一样吗？"马先生说。周学敏却为难了。

接着，马先生又说："本来，这也应当探究的，再把那一个试试看。"我知道，这是他在安慰周学敏。其实周学敏的这种精神，我也觉得佩服。

"（6）的第一个比两项的和是18。50减去18剩32，折半得16，所以连比是6：16：28。还是可用2去约，约下来是3：8：14，正和（5）一样。"周学敏连不合用的理由也说了出来。

"好！我们总算把这个问题，解析得很透彻了。周学敏的疑问虽然是对的，可惜他没抓住最主要的地方。他只看到前面的七种，不曾想到七种以外。这一点我本来就要提醒你们的。"

"假如用4去乘（2）的第一个比的两项，得的是4：8，它们的和便是12。50减去12剩38，折半是19。第二比是19：19。连比便是4：19：27。加上前面的九种一共有十种配合法。"

"这种探究，不过等于一种游戏。假如没有总数100的限制，混合的方法本来是无穷的。"

对于这样的探究，我觉得很有趣，就把各种结果抄在后面。

"但是，连比三项的和是100的呢？"一个同学问马先生。

"这也应该探究一番，一不做二不休，干脆尽兴吧！从哪里下手呢？"马先生说。

(1)

混	上	1		1	20斤	混
合	中		1	1	20斤	合
比	下	2	1	3	60斤	量

(2)

混	上	1		1	4斤	混
合	中		11	11	44斤	合
比	下	2	11	13	52斤	量

（3）

混	上	2	2	10斤	混
合	中	7	7	35斤	合
比	下	4 7	11	55斤	量

（4）

混	上	4	4	8斤	混
合	中	19	19	38斤	合
比	下	8 19	27	54斤	量

（5）

混	上	3	3	12斤	混
合	中	8	8	32斤	合
比	下	6 8	14	56斤	量

（6）

混	上	6	6	30斤	混
合	中	1	1	5斤	合
比	下	12 1	13	65斤	量

（7）

混	上	7	7	28斤	混
合	中	2	2	8斤	合
比	下	14 2	16	64斤	量

（8）

混	上	8	8	16斤	混
合	中	13	13	26斤	合
比	下	16 13	29	58斤	量

（9）

混	上	12	12	24斤	混
合	中	7	7	14斤	合
比	下	24 7	31	62斤	量

（10）

混	上	16	16	32斤	混
合	中	1	1	2斤	合
比	下	32 1	33	66斤	量

“就和刚才一样，先找100以内的3的倍数，而且又是偶数的。3除100可得33，就是一共有33个3的倍数。第一个3和末一个99都是奇数。所以，100以内，只有16个3的倍数是偶数。”周学敏回答得清楚极了。

“那么，混合的方法，是不是就有16种呢？”马先生又提出了问题。

“只好一个一个地做出来看了。”我说。

“那倒不必这么老实。例如第一个比两项的和是3的倍数又是偶数，还是4的倍数的，大半就不必要。”马先生提出的这个条件，我还不明白是什么原因。我便追问：“为什么？”

“王有道，你试着解释看。”马先生叫王有道。

“因为：第一，100本是4的倍数。第二，第二个比总是由100减去第一个比的两项的和，折半得出来的，所以第二比的两项都是2的倍数。第三，这样合成的连比，三项都是2的倍数。用2去约，结果三项的和就在50以内，与前面用过的便重复了。

“例如24，如果第一个比为8：16。100减去24，剩76，折半是38，第二个比是38：38。连比便是8：38：54，等于4：19：27。”王有道的解释，我明白了。

“照这样说起来，16个数中，有几个不必要的呢？”马先生问。

“同时是3和4的倍数，也就是12的倍数。100用12去除，可得8。所以有8个是不必要的。”王有道想得真周到。

“剩下的8个数中，还有不合用的吗？”这个问题又把大家难住了。还是马先生来提示：

“30的倍数，也是不必要的。”

这很容易考察，100以内30的倍数，只有30、60和90这三个。60又是12的倍数，依前面的说法，已不必要了，只剩30和90。它们和100都是5和10的倍数。100和它们的差，当然是10的倍数，折半后便是5的倍数。

两个比的各项同是5的倍数，它们合成连比的三项自然都可用5去约。结果这两个连比三项的和都成了20，也重复了。所以8个当中又只有6个可用，那就是：

（11）

混	上	2		2	2斤	混
合	中		47	47	47斤	合
比	下	4	47	51	51斤	量

（12）

混	上	6		6	6斤	混
合	中		41	41	41斤	合
比	下	12	41	53	53斤	量

（13）

混	上	14		14	14斤	混
合	中		29	29	29斤	合
比	下	28	29	57	57斤	量

（14）

混	上	18		18	18斤	混
合	中		23	23	23斤	合
比	下	36	23	59	59斤	量

（15）

混	上	22		22	22斤	混
合	中		17	17	17斤	合
比	下	44	17	61	61斤	量

（16）

混	上	26		26	26斤	混
合	中		11	11	11斤	合
比	下	52	11	63	63斤	量

第四，已知部分的量，求混合量。

例六：每斤价格为8角、6角、5角的三种酒，混合成每斤价格为7角的酒。所用每斤价格为8角和6角酒的斤数比为3∶1，怎样配合呢？

这很简单。先作OA表示每斤7角。次作OB表示每斤8角，B正在纵线3上。从B作BC，表示每斤6角。C正在纵线4上。这样一来，两种斤数的比便是3∶1，从C再作CD表示每斤5角。

CD和OA交在纵线5上的D。

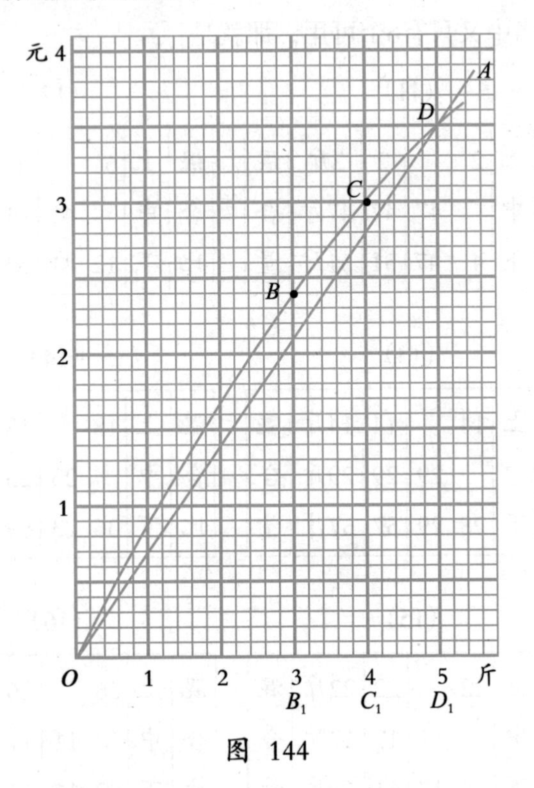

图 144

所以，三种的比就是：$OB_1:B_1C_1:C_1D_1=3:1:1$。

试把计算法和它对照：

	原　价	损　益	混合比		
平均价 7 角（OA）	8 角（OB）	−1 角	2	1	3（OB_1）
	6 角（BC）	+1 角		1	1（B_1C_1）
	5 角（CD）	+2 角	1		1（C_1D_1）

例七：每斤价格5角、4角、3角3个品种的白酒，如果要混合成每斤价格4.5角的酒，5角的酒用11斤，4角的酒用5斤，那

么3角的酒要用多少斤呢？

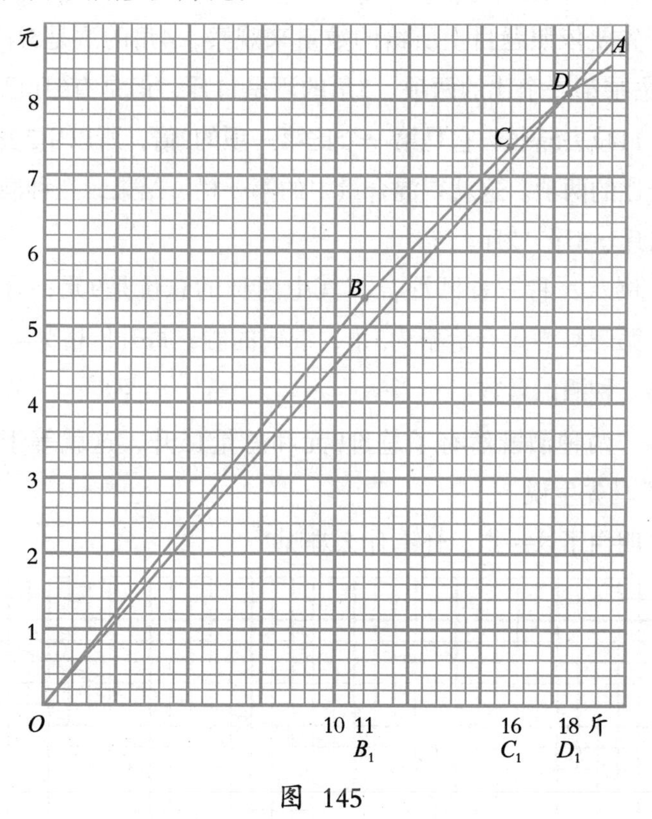

图 145

本题的作图法，和前一题的，除所表示的数目外，完全相同。由图145一看便知，OB_1是11斤、B_1C_1是5斤、C_1D_1是2斤。和计算法比较，算起来还是麻烦些。

	原　价	损　益	混合比						混合量		
平均价 4.5 角（*OA*）	5 角（*OB*）	−0.5 角	1.5	0.5	3	1	3	5	6 斤	5 斤	11 斤
	4 角（*BC*）	+0.5 角		0.5		1		5		5 斤	5 斤
	3 角（*CD*）	+1.5 角	0.5		1		1		2 斤		2 斤

由混合比得出混合量，这一步比较麻烦，远不如画图法来

得直接、痛快。

先要依照题目上所给的数量来观察，4角的酒是5斤，就用5去乘第二个比的两项。5角的酒是11斤，但是有5斤已确定了，11减去5剩6，它是第一个比第一项的2倍，所以用2去乘第一个比的两项。这就得混合量中的第一栏。结果，三种酒依次是11斤、5斤、2斤。

例八：将三种酒混合，其中两种的总价是9元，合占15升。第三种酒每升价格为3角，混成的酒，每升价格为4.5角，求第三种酒的升数。

“两种酒既然有了总价9元和总量15升，这就等于一种了。”马先生说。

明白了这一点，还有什么难呢？

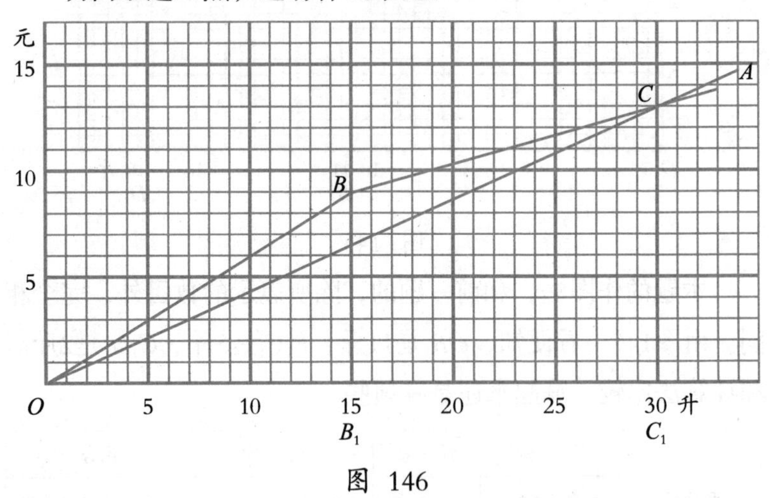

图 146

作OA表示每升价4.5角的。OB表示15升价9元的。从B作BC，表示每升价3角的。它和OA交于C。图146，OB_1指15升，OC_1指30升。OC_1减去OB_1剩BC_1，指15升，这就是所求的。

照这个做法来计算，便是：

	原　价	损　益	混合比
平均价4.5角（OA）	$\frac{90}{15}$角（OB）	−1.5角	15（OB_1）
	3角（BC）	+1.5角	15（B_1C_1）

这个题目算完以后，马先生在讲台上，对着我们静静地站了两分钟：“李大成，你近来对算学的兴趣怎样？”

“觉得很浓厚。”我不由自主地、很恭敬地回答。

“这就好了，你可以相信，算学也是人人能领受的了。暑假快要结束了，你们也应当把各种功课都整理一下。我们的谈话，就到这一次为止。”

“我希望你们不要偏爱算学，无论哪门功课，都不要怕它！你们不怕它，它就怕你们。求知识，要紧！精神的修养，更要紧！”

马先生的话停住了，静静地，大家都在用永不满足的眼神望着他。这是对知识和趣味无限渴望的眼神啊！